NF文庫
ノンフィクション

新装版

# 有坂銃

兵頭二十八

潮書房光人新社

明治時代の日露戦争で、日本は辛くも勝利をおさめます。本書は、その勝因として、これまであまりにも語られることの少なかった陸戦兵器、なかでもその貢献度の高かった「三十年式歩兵銃」をとり上げます。

改良型の「三八式歩兵銃」なども含め海外の研究者から「アリサカ・ライフル」とよばれる画期的な小銃や野砲も設計した軍人技術者・有坂成章の生涯を通して、日本の兵器技術の足跡を追う異色のノンフィクションです。

## この本の内容

本書は、日露戦争の勝因としてはこれまで語られることがあまりにも少なかった陸戦兵器の研究である。

なかでも私が、野戦への貢献度が特に高かったと考えるのは「三十年式歩兵銃」だ。これは英米の銃器解説書などでは、設計者の名をとって「アリサカ・ライフル」と呼ばれることが多い。実にわかりやすいので、タイトルはこれを頂戴し、もって本書のすべてを代表させようと決めた。

明治時代、陸軍の基本的な作戦単位は「歩兵師団」（または旅団）だった。歩兵師団が戦場に持ち出して使う火器は、主に、野砲（馬6頭で引っ張って不整地を機動、口径70～90ミリ前後で、主に榴霰弾を発射する大砲）と歩兵銃である。日本軍でもロシア軍でも、これには変わりはなかった。日本陸軍は、遠戦火力の中心であった野砲の性能で、ロシア陸軍に負けていた。が、それを近接火力である歩兵銃の優秀さが補ってくれたために、辛くも敗亡を免れることができた。

その2つの師団主兵器――ひとつは日本国を破滅の淵際に立たせ、ひとつは日本国を文字通り救った――を設計したのが、ともに、有坂成章《ありさかなりあきら》という一人の陸軍軍人であった。

そこで私は、ためらうことなくキーパースンとして中将・有坂成章を選び、これ1冊で、彼の歩みがよく再現されるような構成をとることにした。

村田経芳《つねよし》、有坂成章、そして南部麒次郎《きじろう》は、明治、さらには大正～昭和前期のわが国の技術的制約の中で、最も合理的な国軍小火器（有坂に関しては大砲も）を、模索した。3人をもって、陸軍の《名物造兵官三代》と目することが可能だろう。

彼らが解決に当たらねばならなかった諸課題は、当時の日本国内のどんな民間企業家も、未だ直面したことのないものばかりだった。

ところが、そうした戦前日本の「時代の限界」を弁えず、戦後最新の後知恵をもって旧陸軍の「後進性」を断ずる、高名な文壇人や、影響力ある論壇人が、あとをたたない。

それが如何に当たらぬ説かを示そうとするためには、評伝に類する筆法が、たぶん有効である。読者は、ある軍人技術者の挫折の物語を追体験することで、戦前の帝国陸軍が置かれていた「時代の限界」が、たやすく呑み込めるようになるであろう。

本書は、有坂成章に関する、戦後初のまとまった公刊物である。

本書を一読された読者には、もう明治陸軍は、現代史の中の、キャラクターのない部隊名や兵員数、大砲の数などではなくなるだろう。

また、当時の砲兵や歩兵の戦いぶりが目に浮かぶようになり、私たちと同じ日本人が、前世紀初めにどんな心配をしながら戦っていたのかが、分かるようになるだろう。

さらに、江戸時代の日本に生まれ、西洋列強の模倣をするために自らを西洋科学技術の権化と成した明治の代表的造兵官が、それでも何割かの非合理的判断を下していることについての、いっそう公平な評価ができるようにもなるであろう。

なお、明治前期の歴史に関心を有する読者の益になればと、有坂成章が所属した岩国藩「日新隊」に関する2篇を、本文の末に付した。日露戦争に直接の関係はないとはいえ、地味な印象の明治の造兵官が、じつは幕末維新期にとんでもない体験をしていたことが了解されるはずである。自ずからそれが、昭和期の軍人たちとの、徳性の違いにもなっていたわけだ。

本書の表現には、やや陸軍を高く置きすぎると受けとられる箇所があるやもしれぬ。しかし私は、むしろ戦後流行りの「海軍善玉史観」の方にこそ、危険な誘導の匂いを感じ取る者である。およそ一国民のサンプルは、まさに陸軍の中に見られるのだ。陸軍から顔をそむけ、陸軍を悪罵することは、自分の容貌を厭《いと》い、自分の身体を呪うに等しい所為ではないか。

執稿に臨み、あらためてコピーやメモなりとも手にとった文献は、巻末に一括して書名を掲げた。取材費ゼロの貧乏書生のために貴重な資料をご教示くださった岩国市、山口県、鹿児島県、鹿児島市などの職員の方々には、別して御礼を申し上げたい。

# 有坂銃——目次

有坂銃

# 第1章　東京湾要塞

慶應四（一八六八）年五月、周防岩国藩士・有坂成章は、藩命により、京都の薩摩藩邸で英式歩砲兵操典練習を受けることになった。

吉川《きつかわ》家の家中でも、最も洋式化を進取した砲術家・有坂家の養嗣子として、15歳にして嘱目されたのだった。まだ江戸の上野では、戊辰戦争がたけなわだった。

これからしばらく、日露戦争の主力野砲と主力歩兵銃を一人で設計した男、有坂成章が、明治陸軍草創期の造兵官となるまでの珍しい履歴を、辿っていくことにする。

なお有坂の苗字だが、陸軍の文書などでは、ごく初期から「有阪」と誤記された。そしてその誤用は彼の死後も払拭されずに一部で残ってしまったのだが、本書では「有坂」で統一している。

有坂成章が京都について間もない六月、岩国藩には北越方面への出師の朝命が届いている。藩では、諸隊のひとつである「建尚隊」を、総督・吉川斎宮に率いさせて送り出した。その半隊は高田まで、半隊は庄内城まで連戦して、ともに一二月に岩国に凱旋する。その間、会津藩主の降伏で戊辰戦争の大勢は決し、元号も九月からは明治と改まっていた。

青年有坂はといえば、京都からすぐに長崎へ赴き、嶋田種太郎という学者に付いて、英語を修学したとされる。これは、開成学校、さらに兵学寮へと進むための、受験勉強のようなものだったろうか。

明治二（一八六九）年二月、有坂は東京の開成学校（大学南校）に通学し、さらに英語の習得に努めた。同学校はすでに、兵学寮の予備校的な役割も担っていた。

そして明治三（一八七〇）年三月、17歳の有坂成章は、岩国の宗藩である萩の長州藩から選ばれて、陸軍兵学寮に進む。

## 明治「テクノエリート」の育成場

兵学寮とは、のちの陸軍士官学校や教導団（下士官を養成する）などの母体となる教育機関である。もと京都にあった兵学所を、明治二年九月に大村益次郎が大阪の地に移設。明治三年一月に内容を一新して、名称も改まったところであった。ここに入ることは、やがては国政の枢機にも関わることのできるキャリアの一合目にとりつけたことを意味した。

有坂は、同期で3歳年長の曾禰《そね》荒助（萩藩生まれ）などとともに仏語を修め、入寮後の3年間に、数学、物理学、化学、築城学等でも好成績を示したという。ただ、有坂の身体は病気がちで、目はもうこの頃から近視であった。

明治四（一八七一）年一二月から翌年春にかけ、陸軍兵学寮は東京に移される。明治五年四月、フランス軍砲兵大尉F・F・G・ルボンが3年契約で来日し、その新しい兵学寮に赴任した。ルボンは母国の砲工学校を優等で卒業した俊秀で、砲兵のエキスパートであるにとどまらず、工学全般に通暁。建築設計も、また機械設計もよくした。有坂がのちに三十一年式野山砲の図面を一人で引けたのは、この仏人教師の薫陶《くんとう》の成果である。

明治五年九月、兵学寮から7名の者が選ばれて仏国留学を命ぜられることになった。同級の曾禰荒助はその7名のうちに入り、それ以後、順当に栄達の道を歩む（日露戦争中の蔵相）。明治前半における官費欧米留学の意味は、選抜生本人の学業にとっても、また公人としての将来を左右する度合においても、とてつもなく大きかった。

ところが有坂はこの選に漏れた。留学生が船の上で病死してしまうこともあった時代であるから、その理由は彼の繊弱な体質だったかもしれない。さもなくば、萩ではなく岩国出身であったことが、彼の不運であったろう。その頃、兵学寮の便所に「校長目なし」と大書した犯人は、有坂その人であったという。

有坂成章の経歴を眺めると、かほどの専門技術者の常にはなく、40歳の中年齢に達するまで、一定長期の留学体験を持っていないことに気付く。その間の彼の反発、焦燥は、察するに余りあろう。若き有坂の鬱積したエネルギーは、きっと雇い外人教師ルボンらに向けられたろうと思う。

## それぞれの道

明治六（一八七三）年二月、歩兵大尉の村田経芳が、隊付きから兵学寮付きとなり、第三舎次官を命ぜられた。有坂は、以来村田を見識る機会を得たかと想像される。

とはいっても、すでに村田には後装小銃の国産という明白な課題があったのに対し、有坂は何の定まった専攻もない生徒である。だからこの2人に特別な接点ができたとの想像はしにくい。

ところで、小銃における村田の場合がまさに典型なのだが、将校が昇進していくステップとしての隊付き勤務を、技術研究武官にも画一的にあてはめたのが、明治の軍制であった。

これが、日本の「兵器独立」を少なからず遷延させる結果を招いている。ある軍人が同時に有能な研究者であることが判明したなら、五年でも十年でも同じ場所で一心不乱に研究に従事してもらうことが、公益に適うことのはずであった。しかしそうした合目的的な制度を、日本人は自らつくりだすことがいつも遅かった。

有坂の場合は、まだ帝国陸軍の正規の将校にはなっていなかったので、融通が利いたようである。理工学と英語・仏語の才を兼ねている点を買われた有坂には、そのどれとも無縁に過ごしてきた村田とは自ずと異なったコースが用意された。

明治六年六月、有坂は、兵学寮を半途退学し（つまり参謀や司令官になるキャリアパスを正式に断念し）、そのまま兵学寮の語学専業生になった。

「生」と付いても学生生徒に非《あら》ず。これは陸軍草創期の職名の一つで、仕事の内容は、ルボンらの図画（設計製図）教育の通訳をすることであった。

同年一二月、有坂は、兵学寮教官になった。ルボンの技能をある程度吸収したのであろうか。

このとき「十一等出仕」であったという資料があるが、私が遡って確言できるのは、明治一一年に『砲兵士官須知』というテキストを書いた時に、著者である有坂成章の肩書が「陸軍省十一等出仕」になっていたことまでである。

なお一資料では、有坂は同時に小銃製造所勤務も命じられたとしている。

村田経芳の方はその後、明治七（一八七四）年二月に兵学寮の第三学寮が戸山学校（旧射的学校、のちの歩兵学校。現在の東京都新宿区）に移設されたことから、有坂とは勤務地が別々となり、三月には少佐となって東京鎮台出仕。七月には再び兵学寮付き、八月には戸山学校付きと、めまぐるしく転任を繰り返している。そのたびに「村田銃」の開発は中断された。

明治七年一二月、有坂成章は兵学寮に別れを告げ、陸軍造兵司の「土木」に出仕した。これは後に「兵器本廠」に改編されるが、有坂の身分は相変わらずまだ正式の陸軍士官ではない。

おそらくこの人事は、明治五年四月に招聘されたマルクリー中佐（病気のため一二月帰仏）以下のフランス人教師団が、日本地図上で沿岸要塞を設けるべき地点につき明治六年にリポートを提出し、それに基づいて陸軍参謀局が明治七年に東京湾海防策をまとめあげ、さらに陸軍卿山縣有朋が三浦半島の観音崎と房総半島の富津岬に最初の近代砲台を築造する議を明治八年一月に奏上しようとしていたことと、関係がある。

有坂の役目は、ミュニエー、ルボン、ジュルダンら時の仏人雇い教師に、高度に専門的な技術を解する通訳としてくっついて廻り、巨細を一々山縣に報告し、かつ山縣の諮問を教師団に取り継ぐことではなかったろうか。

ほぼ同じ頃、戸山学校教官の村田経芳少佐にも転機が訪れていた。「射的学研究の為」に、また「軍銃制式決定の調査委員として」、欧州出張を命ぜられたのである。村田は戸山学校からの最初の欧行者として、明治八年一月一八日、念願の海外視察に出発した。

大村益次郎なきあと陸軍の牛耳をとった山縣有朋は、この時点で、長州支藩の岩国出身の有坂に沿岸要塞を、また薩摩のノン・エリート出である村田には陸軍の制式小銃を、いずれ任せていくことに決めたのだろう。

## ボス山縣の《駒》として

野戦指揮官としては江戸時代風の統制が得意な山縣有朋は、四ヶ国連合艦隊との悪戦を体験しているだけに、要塞防禦に熱心であった。ただし、奇兵隊の出身として、野戦では大砲より小銃の方を頼りにする傾きがあった。

もちろん、有坂のような防長の出身者に国産小銃も手掛けさせることができれば、いちばん好都合であったろう。だが、まだこの時点では、村田以上に熱心な「ガンスミス兼マークスマン兼将校」は、日本のどこにも見出せなかった。

村田は薩摩人であるが、出身はどうも「外城士《とじょう》」に発していたようだ。島津家の支配地では、外城士出身者は、同じような貧乏藩士でありながらも、西郷、大久保らが属す「城下士」身分より、さらに冷遇されねばならない宿命であった。ちなみに初期の邏卒（巡査）の多くも薩摩の外城士で、彼等は西南戦争ではすすんで官軍に従軍、かつての城下士への恨みを解消しているのである。

明治四年七月に、初めて新制陸軍幹部の階級が定められたとき、西郷隆盛は大将、村田と同年齢で同程度に無学で仲の良かった桐野利秋は少将、歳下である大山巌は大佐に任命された。しかし村田は「射的掛」の大尉にされたに過ぎなかった。

この村田を起用しても、それは山縣の「閥」による支配計画の不利益とはならない。村田としても、仲間《ちゆうげん》小者の軽輩から身をおこし、この自分に目を掛けてくれるボスに、西郷などよりも親近感を抱くのは当然であった。しかも山縣と村田とは歳が同じだった。

欧州から帰朝した村田は、西郷下野の報にも動ぜず、また、桐野から直にもちかけられた薩摩近衛士官による東京クーデター計画の誘いも謝絶して、はっきりと山縣有朋についている。

明治一〇（一八七七）年一月、西南戦争が始まった。

二月一九日、熊本城に籠る官軍幕僚の児玉源太郎少佐は、おそらく谷干城少将と密議をした上で、谷司令官の他出中に天守を自焼した。

熊本城本丸から自分が号令することで全九州を「近代日本」から切り離せると夢想した西郷の目論みが「伐謀」されたその日、東京では、山縣の命を受けた村田経芳が、官軍の弾薬備蓄量の把握に馳せ回っていた。

村田はつづいて田原坂《たばる》の弾薬補給実態の調査にも出向し、「現代戦」をまのあたりにする。田原坂では、1日1人あたりの弾薬消耗量は、日露戦争の水準をも上回ったほどであった。

四月二〇日、熊本城東郊外の保田窪《ほたくぼ》村で、かつて射撃術を教えた桐野配下の薩兵の銃弾が右肩から脇に盲貫となり、村田は東京に後送された。そこで桐野らの戦死の報を追いながら、ついに十三年式村田歩兵銃の雛型を完成するのである。

山縣のアシスタントとして東京湾要塞を手伝うはずだった有坂の仕事も、この時期、当然中断した。すでに明治九年一二月には、三浦半島から東京湾口を見はるかす観音崎において、用地買収も始まっていたのだが、明治最大の内戦で、海岸砲どころではなくなった。

有坂は、明治一〇年の六月には、時の「検査局次長」〔不詳。明治一一年一月に砲兵本廠検査局長となっている牧野毅のような人だったろうか〕から相談を受け、官軍のスペンサー銃の「雷管塡替用の一器」を考案したりもしている。日本にあったスペンサー騎銃はすべて南北戦争の中古品で、弾薬筒も国産していなかったので、明治九年に習志野で実施した士官学校生徒の演習でも不発火弾が続出していた。この、貯蔵中に古くなってしまった輸入実包のリローダーを、こしらえてやったのだろうか。

西南戦争は明治一〇年九月に終わった。その戦後処理が済むか済まないうちに、村田の小銃と、有坂の要塞の仕事は再開された。

## 建築工事ラッシュ

東京砲兵工廠の小銃製造所を設計・建設したのは、雇い教師ルボンである。その仏語通訳は有坂が勤めたから、明治一一年に「(十三年式)村田歩兵銃」の生産が立ち上げられるまでのあいだにも、有坂がこれになにがしかの関与をしていたことは間違いない。

しかし山縣が有坂に期待した本務は、あくまで東京湾要塞であった。

明治一一（一八七八）年九月、今度は観音崎対岸の、富津岬で測量が行なわれた。

翌明治一二年八月には、富津岬の洲崎に場所を絞って、地質調査も始まる。一切を指揮したのはマルクリーの後任のミュニエー（明治七・五来日、明治一三帰仏）で、有坂は、半ば通訳、半ば助手のように働いたのだろう。

有坂は後年、いかに海が荒れても船に酔わないのをひとつの自慢としていた。それはこの時分に、連日小型の船で東京湾上に出ては沿岸を巡るような仕事をしていたからだ、と人にも語っている。

このように、ようやく東京湾の築城工事が本格化してきたので、明治一二年一〇月、有坂は、いぜん文官の身分のままで、第一工兵方面付に転勤になった。

「工兵方面」とは、明治七年一一月から明治三〇年九月まで存在した組織で、「第一」が、東京湾の要塞などを受け持っていたのである。有坂は、しばらく要塞や官庁建物の工事（どちらも外人指導）に専属することを命じられた格好であった。

たとえば建物では、イタリア人教師G・V・カペレッティが設計した「遊就館《ゆうしゅう》」（靖国神社）と「陸軍参謀本部」の建設に、有坂は関わった。

前者は明治一二年一月、招魂社（靖国神社）境内に「武器陳列場」を建設することが決まって、同年五月着工、明治一四年五月に竣工した。今日現存の遊就館とは場所も外観も異なったもので、宛然《えんぜん》東京市の真ん中に西洋中世の城を現出させた観があった(そのご大正一二年の震災で倒壊し、再建したが、昭和二〇年の空襲で全焼)。さらに巨大で壮麗だった参謀本部は、翌明治一五年に完成している。

東京湾要塞工事の方は、まず最初に観音崎第二砲台が、明治一三年五月に起工されている。つづいて、明治一三年六月の、観音崎第一砲台。この2ヵ所は、明治一七年六月に同時に竣工し、東京湾の最初の要塞、かつ、新鋭重砲を備えた日本の近代要塞第一号となった。

三番目は「第一海堡」で、明治一三年一〇月に石材発注、明治一四年八月に基礎工事が開始され、明治二三年一二月に竣工している。

## 設計コンペに勝って陸軍大尉に

この千葉県富津沖の海堡の図案が作成されるときに、有坂は、もはや《気の利く通訳官兼使い走り》であることを断然止めたようである。

陸軍出仕の一文官として有坂が提出した図案は、砲兵局長の原田一道大佐案、測量のプロの小菅知淵工兵中佐案を斥けて、みごと委員審議の採用を蒙ったという。有坂は、語学ではなく、工学において、自分が国軍の役に立つ人材であることをアピールしたのだ。

山縣としても、有坂の身分が文官のままでは、将来の抜擢の障碍になると悟ってはいただろう。しかし有坂は、隊付き経験はゼロで、実兵指揮ができない。熟考した山縣は、有坂が30歳になるのを待って、陸軍砲兵大尉に補任した。辞令は、明治一五（一八八二）年四月二八日に出た。

日新隊の初陣（附録参照）いらい15年。ようやく有坂成章は、帝国陸軍将校になれたのである。

東京湾要塞は、明治一四年一一月起工の猿島砲台（横須賀沖）、明治一五年一月起工の富津元洲砲台、明治一五年八月起工の観音崎第三砲台……と、その後も着々と整備され、明治一五年一月には海防局（参謀本部内）、さらに明治一五年一〇月には陸軍臨時建築署も設けられた。有坂は当然そこに勤務したと見られる。「砲兵工廠各生徒学科教授書編纂取調委員」を仰せつかったのも、この頃だったという。

しかし明治一五年に起きた韓国暴動以降、帝国陸海軍は、朝鮮半島有事（対清国戦争）に備えた諸調達を増やさねばならなかった。そのため明治一八年から陸軍予算は逼迫する。明治一九年三月には、臨時砲台建築署は廃止されるに至り、ここに海防工事は全く中断に追い込まれた。

あくまで要塞防禦には高い優先順位を与えたい山縣は、かくてはならじと、天皇までも動かし、明治一九年一一月に臨時砲台建築部を設置、みずからその部長に就任（～明治二二）した。翌明治二〇年三月には所得税法も発布され、財源が確保されたことから、再び東京湾要塞の整備は進捗を見せはじめる。

明治二〇（一八八七）年四月、「村田銃保存法審査委員」として村田経芳大佐ほか1名に陸軍省の辞令が出されたのと同じ日、大阪砲兵工廠提理（＝工場長）の牧野毅大佐以下、計8人が「海岸砲制式委員」に任命された。公文書では、最先任者の牧野（佐久間象山門下の長野県士族で、明治二三年に少将、二七年に52歳で没）から数えて6番目に「臨時砲台建築部事務官陸軍砲兵大尉」の肩書の、有坂成章の名が並んでいる。

有坂は、それまでの約3年間、小銃や野山砲に用いる発射薬の研究（巻末年表参照）を命じられていたが、いよいよここで、岩国藩時代には《家業》でもあった大砲に、直接かかわることになった。

すでに砲台工事と並行して、海岸砲の国産化も、企てられていた。

明治一六年、わが国の冶金技術水準でもなんとかなりそうな鋳鋼製砲身材に関し一日の長あるイタリアから、砲兵少佐ポンペオ・グリロー（Pompeo Grillo）が招聘された。

少佐の日本陸軍に与えた影響は至大である。たとえば、大東亜戦争を通じて、帝国陸軍の「十五センチ榴弾砲」や「十五センチ加農」の口径は、ミリで表わすと１４９ミリであった。しかし、フランスでは十五榴は１５５ミリ（アメリカはこれに倣った）と決まっており、イギリスではそれは１５２ミリ（６インチ。ロシアはこれに倣った）であったし、ドイツはちょうど１５０ミリである。じつは、十五榴や十五加の口径が１４９ミリに定められているのは、日本がフランスでもドイツでもなく、イタリア陸軍の口径体系に倣ったからなのだった。

教師として着任するやグリロー少佐は、さっそく日本陸軍に対し、弾道が低伸する長砲身の二十四サンチ加農から、要塞自衛用のコンパクトな十五サンチ臼《きゅう》砲まで、計６タイプの重砲を提案した。その中から砲兵会議は、射程は最大ではないものの口径は最大である、二十八サンチ榴弾砲を選んだ。［※サンチ（珊）という仏語流の表音表記がセンチ（糎）に改まるのは大正一二年である。］

そして、当時のイタリア軍装備の二十八サンチ榴弾砲を細部まで模した試製１号砲が、早くも明治一七年に、イタリアからの輸入地金を用いて、大阪砲兵工廠で竣工した。

その出来栄えに満足した砲兵会議は、明治一九年にこれを最初の国産海岸砲として採用した。

## 「擲《てき》射か平射か」論争の渦中に

ところが、そのあとの方針で、砲兵専門家たちは少しく揉めることになった。それは、この頃に、大口径でしかも砲身の長い「二十七サンチ加農」が、仏・独・英の数社から売り込まれたためであった。

長砲身の加農が、短砲身の榴弾砲よりも、砲弾の飛び出す初速が高く、したがって火制範囲は広く、命中率も良いことは、常識である。二十八サンチ榴弾砲の国産の目処が立ったばかりではあるが、その整備計画を修正すべきかどうかが、至急に決定されねばならなかった。

イタリア式の鋳鋼素材で二十七サンチ加農が造れるのならば、あらためてそれを選び直すのに何の問題もないのだ。しかし、長砲身かつ大口径のこのような巨砲は、硫黄などの不純物を少しも含まぬ鋼塊を鍛造して削り出す以外になかった。当時のイタリアや日本では、そんな素材も製法も自前ではできなかった。

自給を特に重視する軍人は、砲身の長さにはこだわらなかった。すでに明治一六年、時の海防局長は、海岸砲には専ら臼《きゅう》砲を用いることを提議していたという。臼砲は、

二十八サンチ榴弾砲
（現在、実物は国内には無い）

榴弾砲よりもっと砲身が短い火砲である。

また当時、海岸砲としては平射砲（加農）より擲射砲（榴弾砲・臼砲）の方が優れているとする有力な論説も、行なわれていた。

というのは、クリミア戦争いらい、軍艦の舷側装甲は年々改善・強化され、とどまるところを知らないように見えていた。だから、二十七サンチ加農といえども、近い将来に進水してくる欧米の新型戦艦の舷側装甲に対しても有効かどうか、まったく知れたものではなかったのである。

いっぽう、艦の上面を装甲で覆った軍艦はない（それが現われるのは第一次大戦後である）。そこで、榴弾砲や臼砲のような湾曲弾道の大口径砲ならば、真上から敵艦の甲板を攻撃できるから、将来も陳腐化する恐れがないはずだ――。

しかしこれには決定的な反論もあった。

高速かつ不規則に運動する軍艦が海峡を通過してしまわないうちに数弾の命中を与えることができるのでなくば、そもそも海岸砲を整備した意義がない。しかし、弾速の劣る榴弾砲や臼砲は、弾丸が目標に到達するまでの秒時が長く、敵艦にとって回避はより容易である。しかもまた、敵速や射距離の観測誤差が失中につながる可能性は、平射砲より数倍大きい。となると、結局一発も当てられずに敵艦の通過を許してしまう恐れが強いであろう。将来軍艦がますます高速化すれば、榴弾砲も陳腐化するのだ——。

兵器の国産自給より、あくまで火砲のスペックそのものを重視する専門家は、こちらの見解に立った。

明治二〇年四月に、海岸砲制式委員（＝委員会）が設けられ、このような議論が交わされたようである。有坂は、その席上で、国産できない平射砲（要塞加農）を排斥し、二十八サンチ榴弾砲を数的な主力とするよう強く支持する論陣を張ったらしい。

結局、妥協的答申が行なわれた。平射・擲射の両方の火砲が必要であり、二十八榴は、その擲射砲として整備してよい、と。

明治一九年七月から、観音崎第三砲台への据え付け工事が進められた、大阪砲兵工廠試製の二十八サンチ榴弾砲は、明治二〇年三月下旬から発射試験を始めた。明治陸軍が、砲台において重砲の射撃を実施したのは、これが最初であった。

巨大な要塞砲を海上、または陸上輸送し、砲台にとりつけるまでの一部始終を、有坂は監督したと思われる。有坂がイタリア語を学んだ記録はないが、建築家のカペレッティと仕事をしたことはあった。想像するに、イタリア軍の仮想敵は伝統的にフランスであるから、明治二一年まで滞日しているグリロー少佐の方が、少しフランス語を話したかもしれない。とすれば、大阪砲兵工廠とは結び付きの希薄な有坂が、あえて二十八サンチ榴弾砲の私撰弁護人のように動いたとしても不思議はないだろう。

有坂以外の専門家が二十七サンチ加農の輸入をいくら唱道しても、現実に大阪砲兵工廠で量産体制が立ち上がっている強みが、二十八サンチ榴弾砲にはある。東京湾のみならず、全国の砲台に二十八サンチ榴弾砲が行き渡りそうな弾みがついた。

しかし臨時砲台建築部長の山縣は、明治二〇年一二月、客観的な判断力を示した。海岸砲種として、擲射砲（二十八サンチ榴弾砲）だけに頼っては命中率が期待できなくなる。国産できないならば輸入でもいいから二十七サンチ加農を買え――と、理路整った建議をまとめたのだった。

かくしてここに、砲兵の専門家たちからみるならば海岸砲として理想的な命中率・

破壊力を有する二十七サンチ加農が、ヨーロッパの複数のメーカーから購入される運びとなった。最初の1門が到着したのは、明治二一年である。

有坂は、しかしこれにもひとつの注文をつけている。すなわち、二十七サンチ加農を導入するならば、備砲形式は砲塔式ではいけない、隠顕式《いんけん》とすべきである――と主張して譲らなかったという。

発砲時以外は極端な低姿勢で、沖合いからは砲がまったく見えず、発砲直前に胸壁の上に砲がせり出すようになっているのが、隠顕式海岸砲である。当時売り込まれていた二十七サンチ加農のなかでは、ひとりシュナイダー・カネー社製だけが、この隠顕式砲架であった。だから有坂の主張は、一部のメーカーに与《くみ》したような印象を与えたかもしれない。しかし、彼の慮《おもんぱか》りはより深いものだった。

隠顕式でない備砲形式には、胸壁だけを円弧状にめぐらした中に露天・剥《む》き出しで砲を据えるバーベット形式、天井付の防弾囲いから砲身だけを突き出させるケースメイト形式、砲架じたいを大きな旋回盤の中心に載せ、その旋回盤の上に饅頭の皮のようにコンクリート・アーチ（穹窿）を被せてしまう砲塔（ターレット）形式などがあった。有坂が特に反対したと思われるクルップ社の二十七サンチ加農は、ひとつのアーチ内に2門の砲尾を並べて装載する、一見すると非常に近代的な砲塔形式であった。

ところが、日清戦争以前の日本には、コンクリートでぶ厚いアーチをつくる技術はなく、煉瓦や石組、モルタルのようなもので代用している有様だったのである。また仮りにコンクリートで設計通りのアーチがつくれるようになったとしても、その元来の設計強度は、普通榴弾（瞬発式）までしか想定していなかった。ところが欧州では一八八五（明治一八）年に地雷榴弾（破甲榴弾、また海軍でいうところの徹甲弾）が出現していた。この情報を活かすならば、有坂の反対はもっともであった。

ともあれ東京湾の防備体制は、結局、国産容易だった二十八榴が数的な主力となって、だいたい明治二三年に、ほぼ成った。

二十八榴は、はじめイタリアからの輸入素材に頼っていたが、牧野毅が明治二四年に国産の鋳鉄地金だけで製造する方法を発見した。加農に比べて初速が小さいので、砲弾の信管の国産化も比較的簡単であった。二十八榴のメリットとして、じつはこれが最も大きかったのではないかと私は思う。

明治二三（一八九〇）年には要塞砲兵隊が創設され、有坂の関与は必要なくなった。この年、有坂は砲兵会議審査官に任じられる。今度の彼の使命は、最新式の速射野砲であった。

# 第2章　最新流行《速射野砲》

明治二四（一八九一）年、陸軍将校向けの雑誌『偕行社記事』に、「北軍」が函館から青森に上陸するという想定問題が載った。日清戦争が始まっていないうちから、ロシアは日本陸軍の真剣な仮想敵国、否、現実脅威であった。

いぜんとして陸軍＝長州閥の元締である山縣有朋は、どこかに要塞防禦線を構築して守ろうと考えていたのかもしれないが、山縣の次の世代のエリート参謀たちは、相手が清国であれロシアであれ、相手国内の野戦で決着をつけたい心組みであった。

明治二一年五月に、「鎮台」は「師団」に変えられた。内乱鎮圧の必要がなくなり、分散張り付け型のユニットによる国土防衛思想も「安全・安価・有利」ではなくなったためだ。外地で長期独立して作戦を遂行できる「師団」がつくられたことで、いよいよ満韓にも討って出ていけるオプションが、国家指導者の視野に入った。満韓を防備した上でさらに沿海州方面を脅威してやれば、樺太を踏み石にして北海道へ着上せんとするロシア陸軍の兵站線を側背から牽制し得る。そうなれば、〈帝政ロシアが北海道と北九州の両翼から日本本土へ攻めかかる〉という、幕末いらいの防衛担当者にとって悪夢以外のなにものでもなかった戦略形勢は、きれいに払拭されるであろう。同時に、師団砲兵が装備する「野砲」の持つ意味も、これまでになく重くなったのである。

振り返れば、戊辰戦争から西南戦争まで、日本国内には、真の野砲はなかった。もちろん、野砲として設計された大砲は存在する。が、それを馬に曳かせて生地《きじ》（＝演習場ではないところ）を機動させることを、日本の地形・植生・馬・道路事情は、許してはくれなかった。馬で輓曳されて歩兵師団と野戦で行動を共にできる大砲がすなわち「野砲」（仏語でアーティレリ・ドゥ・カンパーニュ、英語でフィールド・ガン）であるから、分解して大八車に積んで押したり、大勢の夫方《ぶかた》に担がせて用いたら、それは真の野砲ではないのである。

戦前の日本には、馬が2頭ならんで進める道路は、例外的にしかなかった。そのうえ国産馬の体格は貧弱で、雨の降った山坂で馬が踏ん張るための蹄鉄も普及していなかった。だから戊辰戦争で官軍が箱根を越えるときには駕籠かきを雇い、大砲を担わせた。大半が山地戦となった西南戦争でも、いたるところで活躍したのは四斤山砲《しきんさんぽう》(口径86・5ミリ)であった。

山砲と野砲は、二つともに、師団が運用する火砲だ。野山砲は、口径が同じで、発射する弾丸も共通化されているが、装薬(発射薬)の量が異なっている。山砲の方はずっと少ない装薬を使い、射程を犠牲にする代わりに砲身や尾栓や砲架の設計強度を下げ、分解すれば3頭の馬の背に載せて行軍できるまでに軽量化してあった。

西南戦争直後の明治一一年、陸軍卿大山巌は、清国との関係緊張にかんがみ、それまで長らく陸軍の主力火砲であった前装砲の仏式四斤山砲の「改革」(=新しい型で更新すること)について、砲兵会議に諮詢《しじゅん》した。ここでも当初は、四斤《野砲》については一言もなかった。

諮詢を承けた砲兵会議は、雇い仏人砲兵士官ブリュネーの建言を容れ、イタリア式の銅合金で、底装式「七珊《サンチ》山砲」(口径75ミリ)をつくることを答申した。その試製は明治一六年五月に大阪砲兵工廠で完成。つづいて明治一八年には、ほぼ同形式の「七珊野砲」も完成し、この野山砲が、明治二〇年中に全国の野砲兵部隊に行き渡った。

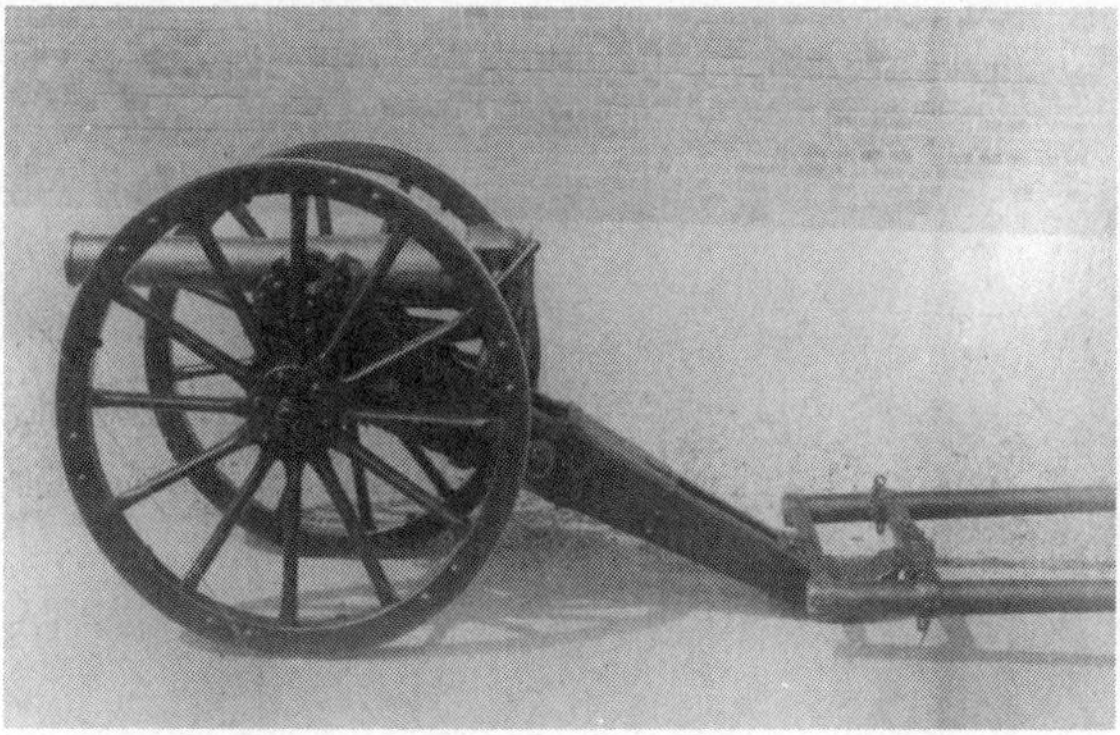
七珊山砲

有坂が負った命題は、この七珊野山砲の次の師団砲兵装備であった。

## 「有坂砲」への助走

明治二五（一八九二）年四月一三日、40歳の有坂少佐は、生涯はじめての海外出張に赴いた。行く先は、クルップ社の企業城下町、ドイツのエッセンで、それもいきなり1年以上の単身赴任であった。命令を聞かされてから、眠れない夜が続いたのではなかろうか。

彼に与えられた任務は、外国軍人の「ホームステイ」に寛大なクルップ社の軒を借り、最新型野砲の設計法や製作法を学んで帰ってくることであった。

ドイツは一八七三年に水平スライド鎖栓を採用した口径78・5ミリと88ミリの軽重二種の野

砲を制定していたが、一八八八年にその軽砲（山砲）を廃し、口径８８ミリとした７３／８８年式騎砲を加えて、前からある１８７３年式８８ミリ砲の砲尾と鎖栓を肉抜きして軽量化した７３／８８年式８８ミリ乗車砲との二本建て制に、改めていた。

そして一八九一年には、７３／８８年式８８ミリ砲の砲身素材をニッケル鋼製にあらためた、７３／９１年式野砲を完成。同砲の諸元は、口径８８ミリ、放列砲車重量１・３トン、榴霰弾の最大射距離６６００m、俯仰角マイナス１５度～プラス１８度、初速４４２m／秒であった。

有坂が派遣されたのはこの砲のためにほぼ間違いなかろう。

有坂を送り出して半年経った明治二五年一一月、陸相大山巌は、野戦師団の火砲改良（すなわち現制七珊野山砲の新型野山砲への更新）につき砲兵会議に諮詢した。会議は、速射砲の採用を可とした。

七珊野山砲はすでに後装砲であるのに、新世代の野山砲を、何ゆえ殊更に「速射」と呼ぶか。

まず、それまでの薬嚢《のう》を撞桿《どうかん》で押し込む方式ではなく、金属薬筒を押し込む。金属薬筒は、概略は小銃の薬莢の大きな物と思えばよく、小銃弾の「雷管」に相当する「爆管」が内蔵されている。薬嚢式の大砲では、装薬への伝火装置（門管）を、閉鎖

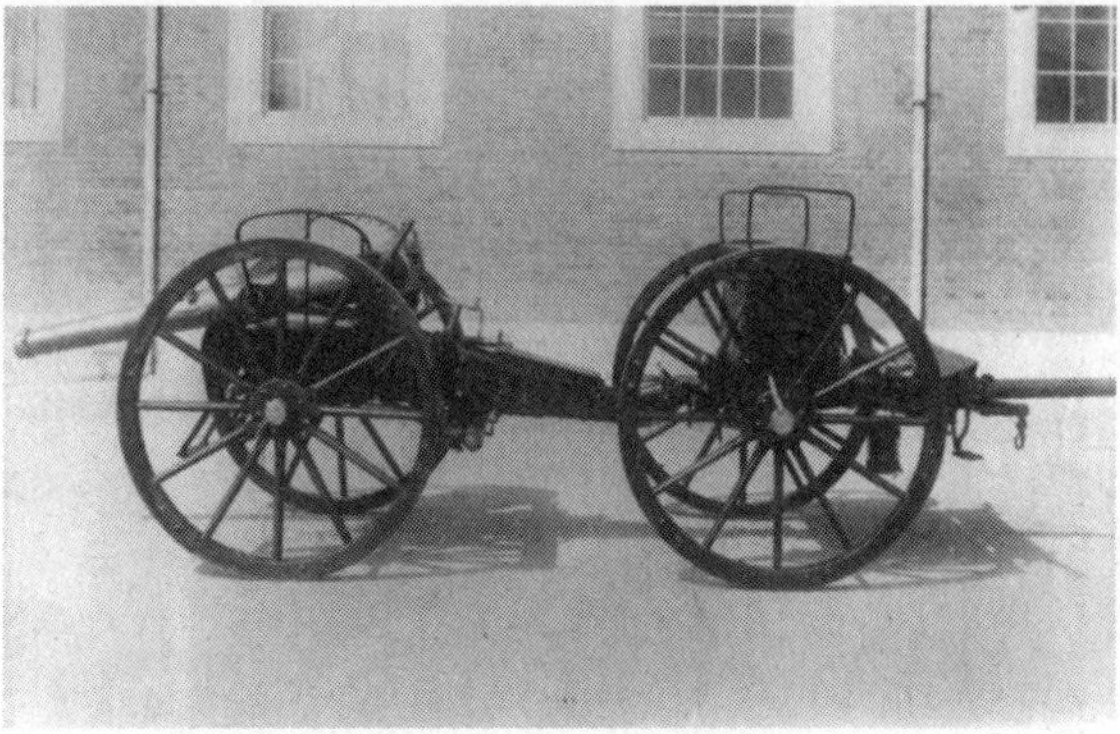

七珊野砲

機の「火門孔」から別に挿入しなければならなかった。つまり、装塡の手数が数分の一に減るのである。

加えて、「復座機構」がある。これは後で述べたい。

砲兵会議は兵器装備に関する陸軍卿の諮問機関であったが、この年からは７〜８名の専門家からなる「審査官」が適宜任命されるようになり、その答申は事実上の最終決定であった。

有坂はこの報を受け取るや、パリで数十日間、外出もせずに製図をしたという。ドイツ国内では不都合だと考えてパリに移っていたのかどうかは不明であるが、やはり有坂は西洋のなかではフランス語文化にいちばん馴染んでいたのではないかと私は想像する。またパリでは、イタリア人たちも助けてくれたのかもしれない。

明治二六（一八九三）年八月三一日、長いあいだ留守にしていた日本に、有坂は帰ってきた。そして旅装を解くと、寝食を忘れて速射野砲の設計に没頭した。設計を始めてからは、自宅で7ヵ月間、髭も剃らなかったという。有坂は明治二六年には砲兵中佐に昇進しているのだが、出勤もしなくていい特別待遇だったらしい。

明治二七（一八九四）年七月、日清談判ついに破裂して、有坂の研究は中断させられるかに見えた。しかし翌月、有坂は「野戦首砲廠長」に任命され（※）、以後5ヵ月間、大陸の戦場後方での業務に就く。［※この任期を明治二八年三月からとする資料があるが、それだと辻褄が合わないようである。］

野戦首砲廠という機関の詳細は不明だが、戦地における火砲整備のセンターのようなもので、前線での鹵獲《ろかく》兵器も全部そこに集められたのであろう。

清国軍の野砲は、軍艦同様、ほとんどドイツ製（クルップ砲）であった。しかし、それは有坂がエッセンで学び取ろうとした最新式のニッケル鋼製の野砲ではなく、1873／88年式の88ミリ野砲であったと思われる。第二軍が金州城で鹵獲し、「克《く》式九珊野砲」として、明治二九年に伊勢神宮に1門献納されているものもこれであろう。なお、当時のドイツ軍に「山砲」はなかった。

かたや日本軍の主力野砲は、クルップ砲には見劣りのする、青銅製の七珊野砲と七珊山砲（ともに口径75ミリ）であった。

しかし、13秒曳火《えいか》信管のついた榴霰弾は清国軍にはなく、あるいはあったとしてもその射法を知らなかったために、日本軍は、小銃の劣勢（後述）と野砲の旧式さを、統制射撃と砲弾の威力とでおぎなって、意外の大勝を手にした。清国兵は、この七珊野山砲から発射される榴霰弾を「天弾」と呼んで避けたという。

明治二八年四月に下関講和条約が結ばれ、同月、すぐ三国干渉が起こった。

五月、有坂は砲兵大佐に昇進し、同時に砲兵会議審査官を命じられた。

いよいよ、ロシア軍と戦うための野砲を制定するときが来たのだ。

## 下志津での実射審査

明治二八年七月、有坂は、砲兵第一方面本署長として小石川の砲兵工廠に戻ってきた。この「砲兵本署」とは、明治一二年一〇月に、それまでの「砲兵本廠」を改名したもので、明治三〇年九月には、また旧名に戻されている。「第一」は、例によって東京を中心とする「東日本」の意である。

このポストの意味は、やはり、野砲を試製する環境を与えられたのであろう。

明治二九（一八九六）年六月、有坂大佐は、第5代目の東京砲兵工廠提理《ていり》に就任した。「堤理」は「長」の謂いである。有坂はこの肩書を明治三一年四月まで保つことになる。（ちなみに大佐で同工廠提理になったのは有坂をもって最後とし、彼以後は、増えすぎた少将や中将たちのポストになった。）

八月、伊藤内閣が総辞職した。それにともない、薩摩出身で野山砲の権威者であった大山巌も陸相を降板することになった。以後、大山は、軍政への関与そのものをめっきりと減らす。これによって、山縣有朋の念願であった、長州閥のみによる陸軍造兵界の支配がひとまず完成されることになった。

有坂は、遅くとも明治二九（一八九六）年の夏までに「試製一号砲」を完成した。クルップ砲を国内素材で模倣したものともいわれるのだが、それが本当だとしたら、一八九六年にドイツで制定された77ミリ野砲がモデルなのであろうか。

この「1896年式」野砲は、最大仰角が16度。無煙装薬570gにより、重さ6・85キログラムの榴霰弾を、初速465m／秒で撃ち出し、着発試射なら8000mまで、曳火は5000mまで可能であったという。

しかしインターネットで画像検索できるそのドイツ製野砲を見ると、ワイヤーロープの巻き戻しによる車輪復座メカを採用している有坂の「三十一年式野砲」とは、およそ似ても似つかぬ〈進んだ〉形態である。

完成された有坂砲

おそらく有坂は、外国砲は参考にしなかった。有坂の野砲は、18世紀の艦載舷側砲がロープで反動を吸収するだけでなく復座までさせていたことに欧州の博物館でヒントを得た有坂の独自の工夫であったのだろう。インターネットに公開されているブリタニカ百科辞典の一九一一年版のOrdnanceの項を見るに、有坂砲のリコイルシステムの類似品は、イタリア軍の一九〇二年の半速射野砲があるだけらしく、つまりは有坂の独創だったのであろう。〔この典拠は田中健氏からご教示を頂いた。御礼を申し上げたい。〕

砲兵大佐・有坂成章による「試製一号砲」の完成をうけ、陸軍は、独仏英の計6メーカーに対して、日本陸軍が次に制式採用する速射野砲ならびに山砲のトライアルへの参加を呼びかけた。

かくして明治二九年九月三〇日から、千葉県の下志津原で、陸軍による、速射野砲の比較テストが始められる。

有坂や、各メーカー代理人らは、円太郎馬車を雇って、東京↑↓試験場間を結ぶ佐倉街道（もちろん未舗装）を往復したという。また4人曳き人力車を使えば、日帰りも可能だったという。江戸時代の八つ手駕籠のような交通手段が、明治後期にも残っていたわけだ。

この速射野砲トライアルには、有坂の「試製第一号」砲のほかに、砲兵中佐秋元盛之が考案した「試製第二号」砲、砲兵少佐栗山勝三の「試製第三号」砲、さらにまた、アームストロング、クルップ、カネーなどが持ち込んだ外国製をあわせ、合計10門が勢揃いした。

一連の実射比較試験は、明治三〇年七月二七日に終了している。それを明治三一年三月下旬においてまとめた報告を、われわれは、大正九年陸軍省刊行の『兵器沿革史（野砲・山砲）第二輯』において、表の形でかいまみることができる。

これを読む限りでは、クルップ社からの一参加砲（年式・型番不明）が、来日の一致する最優秀野砲であった。素材も、クルップ砲だけニッケル鋼を使っている。「試製第一号」と「試製第三号」砲の素材は、礬素鋼製だったらしい。これは、酸性平炉での熔鋼から造塊をする直前に、アルミ地金塊を投入して脱酸処理を施した鋼のことで、アルミ（礬素）と鉄の比重が大きく異なるために、アルミ合金とはならぬものである。〔当該製鋼技法について貴重なご示教を一九九九年三月に長谷川慶太郎氏より頂戴した。ここで御礼申し上げる。〕

この試験終了を承けて、おそらく砲兵会議内に、速射野砲の「制式制定会議」が開かれた。（日付は不明だ。）

会議の議長は桜井重寿（明治三〇・九から少将、明治三一・一〜三三・四砲兵会議議長）。11人の議員の筆頭は有坂成章大佐、次席は伊地知幸介大佐であった。また砲兵中佐の議員には秋元盛之らが、また少佐では島川文八郎と武田三郎がいた。

同会議は、有坂の「第一号砲」を推す者と、外国砲を推す者と、判断そのものを時機尚早とする者で、三分されたという。

しかし真相は、明治三〇年一〇月上旬までには、政策的な理由から有坂砲の採用が確定され、それに基づく山砲の研究方針も決められていたようである。「…有坂式野山砲が良いといふわけではないけれども、ともかく日本人の発明考案した大砲であるのだからまづこれを採用しようといふことになつ」（『参戦廿将星回顧卅年日露戦争を語る』）たのだ。

## 有坂、大見得を切る

砲兵大佐有坂成章の設計になる「試製第一号」野砲（のちの三十一年式となる）が選ばれたこの会議の席上、では山砲はどうするのかについても、引き続いて討議がもたれた。

外国メーカーはすでに各社とも、山砲も完成品でエントリーさせていた。それに対して、有坂自身を含め、国産の山砲は、まだ図面すら手のつけられていない状態であった。

陸軍参謀本部では、シベリア鉄道は明治三三年秋に全通すると見積もって、それを兵器整備のひとつの指標としていた。それで、議員の一人であった参謀本部の中佐（不詳）が、ここは野砲も含めて外国製を数百門緊急に輸入すべきである、と主張したらしい。それに対して有坂は、自分が1年以内に山砲も設計完了してみせると宣言し、この中佐とは口論になったという。

調べてみると、当時、制定会議メンバーの中佐の中で参謀本部員であった者はいない。目上の大佐に向かってタメ口《ぐち》をきいたというこの「参謀本部の中佐」に比定できる人物は、たぶん薩摩出身の伊地知幸介（砲兵中佐であった明治二九年五月から三〇年一二月まで参謀本部第一部長、ただし明治三〇年一〇月一一日からは砲兵大佐）が最も該当するであろう。

このエピソードから逆算しても、この「制式制定会議」は一〇月に開かれていたとしか考えられない。

ここで、宿利《しゅくり》重一《しげいち》著『旅順戦と乃木将軍』（昭和一六年五月刊）に紹介されている伊地知の経歴も確認しておこう。明治一二年二月一日少尉。一四年一一月二日砲兵中尉。一七年二月一六日に大山の随行員となり、そのまま仏留学。一七年四月一九日大尉。一九年一一月三〇日、乃木の通訳としてドイツ出張決定。二二年一一月四日少佐。二七年九月九日中佐。二九年五月一一日から三〇年一二月二八日まで参謀本部第一部長。三〇年一〇月一一日砲兵大佐。一二月二八日、英国公使館付。三三年四月二五日、陸士1期として最も早くに陸軍少将。三三年一〇月一一日から三五年五月五日まで、再度の参本第一部長。三五年五月五日から三七年五月一日まで、野戦砲兵監。

ところで、伊地知が有坂砲の代わりに推薦しようとした外国砲は、独仏英のいずれのメーカーのものだったのだろうか。私は、アームストロング社製の野山砲だった可能性もあると思う。

薩摩閥と英国との結び付きは薩英戦争以来強く、伊地知は後年、英国に駐在もしている。また、日本海軍陸戦隊は、陸式の三十一年式野山砲はついに採用せず、代わりにアームストロング社製らしき海軍陸戦砲［型式不明だが１８８４／９５年式１２ポンド騎砲、口径７６ミリに似たもの］を、第一次上海事変で使っていることが、写真から読みとれるのである。（さすがに対米英戦争中は、海軍も陸軍と共用の四一式山砲と三八式野砲を装備していた。）ちょうど明治三二年には『浅間』用に４０口径安式十二斤《ポンド》砲、別名八センチ速射砲も輸入されている。弾径は７６ミリだ。

たまたま明治三〇年、フランスでは、その後の各国の速射野砲の標準を変えてしまったシュナイダー社製の「１８９７年式７５ミリ野砲」が制定されていた。

この野砲が有名になったのは、完全に機能する「砲身駐退復座《ちゅうたいふくざ》機」を、野砲として初めて実用化したからだ。すなわち、砲身の下に液体と空気のシリンダーがあり、その流体抵抗と圧縮反発力によって、砲架はいささかも後座させずに、砲身だけを後退&前進させることができたのであった。もちろん、単箭《たんせん》（砲架の後ろに伸びた一本脚）の先端の駐鋤《ちゅうじょ》（スペード）は、あらかじめ地中に突き刺しておかねばならない。

有坂砲のうち、せめて山砲については液圧利用式の砲身駐退復座機能をつけようではないかという要望があったという。しかし、トライアルに参加した外国砲の中には、まだ「1897年式」の水準まで完成された砲身駐退復座装置を備えたものはなかった。

外国砲のうち、砲身駐退復座装置がついていたと見られるのは、フランスのカネー社とシュナイダー社からの参加砲だ。しかし前者は試験射撃中にシリンダーの空気が漏れてしまった。後者も、「1897年式」より以前の過渡的な砲身駐退復座機構だったらしく、やはり連射中に砲身復座が不完全となった。また、射角を9度以上にとると、後退してきた砲尾が地面に衝突してしまうものだったという。

そもそも復座力にバネではなく空気を用いようとした初期のフランス方式は、シリンダーをよほど頑丈に造らねばならず、減量が要求される山砲には、はじめからそぐわない技術だったのである。

それで、ヨーロッパではもう明治二九年頃から自動排莢《はいきょう》式の砲身駐退復座野砲まで要求されていたほどだったのであるが、時間を重視しなければならない日本陸軍としては、このたびは砲身駐退復座装置のコピーはしないことにしたのだった。

このトライアルに出品されているクルップ砲には、いずれも砲身後座機構はついていなかったようで、クルップ社が満足な駐退復座機付きの野砲を完成するのは、フランスに5年遅れの1902年式（のちに日本で「三八式野砲」となったもの）からであった。

## 有坂砲の《砲車復座》機能

さて、明治三〇年一〇月にすべての比較試験が終わったことは既に述べたが、その結果をまとめた「速射砲試験成績書」は、明治三一年三月下旬に完成した。

そして明治三一年四月上旬、有坂大佐、島川少佐、八田郁太郎砲兵大尉、柳貫一砲兵大尉の4人が、「速射砲制作委員」に任命された。

六月には、試製第一号砲について、復座テストが行なわれている。

これまで、三十一年式野山砲については、復座機はなかった、発射反動で大きく後退した砲車を人力でガラガラと元の位置まで押し戻してやらねばならなかった――等と解説している本が多い。さもなければ、復座をどうしたのかについての詳しい解説を避けているかだ。

たしかに、七珊野山砲にはまだ復座機構はなかった。その代わりに、車輪を砲架の一点に連結し、車輪の転動を滑動に変える「駐退索」が備わっていた。

また、日本陸軍も輸入していたクルップの十二珊榴弾砲にも、復座機構はない。が、こちらには「弾性架尾駐鋤」が組み込まれていた。スペードと単箭の間に強力なコイ

三十一年式速射山砲

ルスプリングを噛ませ、発射反動を吸収する装置であった。

これに対して、三十一年式野山砲には「砲車復座装置」とでも名付けられるべきメカニズムが備わっていた。それを単簡に表現すれば、「バネ仕掛けのいとまき車」である。

三十一年式野山砲の写真を見れば、単箭（単脚）にシリンダーが埋め込まれているのが見えるはずだ。あの中には強力なベルビール発条（皿型バネ）数枚が重ねられている。そして、単箭の両脇に飛び出たフックは、前方に引っ張られるとそのバネを圧縮するようになっていた。

砲車が放列位置につくと、砲手はワイヤーを2本取り出し、両側のフックに一端をひっかけ、もう一端は、ホイールハブ内側のキャプスタンの下をくぐらせてから、車輪外縁に固着する。

そののち、装塡、照準して発砲すれば、砲車が反動で後退するにつれ、ワイヤーがキャプスタンに巻きとられ、フックは引っ張られて、バネは圧縮される。約80センチメートルで砲車の後座は止まるが、もしこのワイヤーを装着せずに発射すれば、砲車は10mも滑走するのである。

発射にともなう後退力が地面とバネとに吸収されたあと、今度はバネの反撥力によって、フックが戻ろうとする。ワイヤーは反対方向に引っ張られ、キャプスタンを逆転させる。地面が凍土や軟泥土でない限り、砲車は80センチ先の元の位置まで自動的に復帰するようになっていた。

六月のテストでは、この復座したときの砲身方位角のズレが甚だしかったので、左右ができるだけ均等となるように改修が行なわれた。

七月には、試製第一号砲を基準にした山砲の試製もできた。約9ヵ月で作り上げたことになる。

そして明治三一年九月には、三十一年式速射野砲の第一号砲が完成した。これは試製砲とは別で、有坂式野砲の量産移行型である。

しかし、この新式砲の早急な量産は、大阪砲兵工廠だけの手には余ることは明白であった。そこで陸軍省は、有坂の図面をもとに、フランスとドイツの兵器メーカーに、砲身、砲架など、必要な主要パーツの発注を行なう。

明治三二（一八九九）年一月一七日、その製造の監督のため、有坂砲兵大佐は欧州に出張した。

## 「有坂式」と呼ばず

明治三二年六月上旬、陸軍省は、新火砲を「三十一年式速射野砲」と名づけ、制式制定した。

ある伝記記事によれば、三十一年式の制定にあたって児玉大将は、これに「有坂式」と冠しようとしたという。しかし、台湾総督の児玉源太郎が陸相の地位に就いたのは明治三三年一二月であったから、この話は嘘臭い。もっとも三十一年式野山砲は、史家からは非公式に「有坂砲」とも呼ばれる。

三十一年式野砲の量産型試製は、明治三二（一八九九）年の暮れに、7門が竣工した。

明治三三（一九〇〇）年四月、有坂は少将に進級する。また同日付けをもって、砲兵会議議長にも就任した。野戦兵器のことはお前が取り仕切れ、という山縣有朋のお墨付が与えられたのだ。三十一年式野砲の部隊への交付は、この年から開始された。

翌明治三四年一一月七日には、速射野山砲の大体の制式が決定される。

常備師団すべてに三十一年式野砲が行き渡ったのは、明治三六（一九〇三）年二月のことであった。それらの大半は、独仏からの輸入パーツを、大阪砲兵工廠にてノックダウンしたものであった。

かつて日清戦争で使われた七珊野山砲は、国産の青銅砲身材に「銅砲圧拡機」という400トンの水圧機械で75ミリ未満の孔を押し開け、砲腔内壁の金属組成を硬化して、鋼製砲に近い性能を引き出していた。その水圧機械はイタリアから買ったものであるが、銅鉱石を掘り出してきて大砲の形に変えるまで、工程のすべては日本国内で完結していた。しかし日露戦争では、野山砲の自給率は、むしろ日清戦争時よりも後退してしまうのである。

明治三六年五月、砲兵会議と工兵会議が併合され、「陸軍技術審査部」となった。有坂成章は、その初代部長に就任する。その後の有坂の活躍と、任期が明治四四年にまで及んでいることを考えても、この組織がえは、まるで有坂の能力を役立たせるために技術審査部がつくられたかのような印象を与えるであろう。

また、有坂は、これと同時に東京砲兵工廠御用掛ともなる。しかし今更にこの肩書を与えられたことの意味は、よく分からない。

## 榴霰弾《りゅうさんだん》とは何か

およそ新しい野山砲を作るときには、新しい弾薬も必要になる。

第一次大戦以前は、野山砲に期待された役目は「榴霰弾」を発射することに尽きたといってよい。

榴霰弾の炸薬は、遠弾／近弾の観測を容易にするために、あえて無煙火薬を用いず、有煙（白色煙）のガンパウダー（黒色火薬）が75g（三十一年式の場合）充塡されていた。榴霰弾には、黄色薬などの高性能炸薬は使えない。なぜなら爆速が大きすぎ、弾子を束藁《そくこう》状に射出する前に、筒状の弾殻を四散させてしまうからである。

榴霰弾という弾種についてば誤解があるだろう。それは単に頭上から葡萄弾をバラ撒くようなものではなかった。榴霰弾は、ごく狭い指向性をもった「筒」なのである。イメージとしては、野砲を地上十数mの高さまで持ち上げ、そこから砲身に十数度の俯角をかけて数十mの至近距離から敵の人馬に狙いをつけ、いきなり霰弾（ショットシェル）を発射したのと同じ効果を期待した砲弾であった。そのため、弾殻自体は

「使い捨ての砲身」のような機能を果たさねばならない。とうぜん、球形の弾丸を発射していた時代には、榴霰弾は存在せず、施条砲と長弾が登場した後で、それは発明されたのだ。

第一次大戦で塹壕戦がすっかり常態化してからは、高性能炸薬を充塡した榴弾が、榴霰弾よりも多く使われるようになった。そして、信管や観測技術が格段に進歩した第二次大戦以後は、榴霰弾は姿を消した。が、日露戦争までは、榴霰弾こそが野戦火砲の主用弾種であった。というより、主として榴霰弾を発射する大砲が「野砲」だったのである。

榴弾砲（野戦重砲）が三十数度以上の砲身仰角をかけられたのに対して、日露戦争以前の世界の野山砲の最大仰角は、どれも２０度以下になっていた。榴弾砲は着発榴弾を発射するので、弾丸の落角が大きい方が、むしろ威力の発揮に都合が良い。［※「着発」は、戦前は「著発」と表記されていたが、本書では読み易さを考え「着発」で統一する。］

しかし、野砲があまり大射角で榴霰弾を発射することには何の得もなかった。射角が増せば、空気抵抗のために、それ以上に落角は大きくなる。すると、それに応じて危害面積を一定に保つためには、破裂高をより高くしなければならない。破裂距離

（目標の人馬との水平距離）は逆に短くなる。つまり、榴霰弾の弾子が、その弾道途中に敵の人馬を捕捉できる確率が、著減してしまうのである。

榴霰弾は、あたかも箒ではくように、できるだけ低い高度（理想的には15m以下）から水平に近い角度で弾子を放出するのが理想であった。そのためには、弾道が低伸する射距離（最大射程の半分くらい）で運用するのが望ましかった。目標までの距離がじゅうぶんに近ければ、砲弾の存速がそれだけ加わるので、浅い落角とあいまって、75ミリの榴霰弾でも、前後200mのエリアの人馬を薙ぎはらうことができた。

その榴霰弾の弾体部分の製作には、特に難しい技術は必要なかった。問題は、日本国内で量産のできる、安全且つ確実な曳火信管（複働信管）の設計であった。

そして、今から振り返るならば、「精密さと量産性」の両立が図れないことこそは、戦前日本兵器工業の最大の弱点であった。

有坂が信管に関与することになったとき、彼はそれとは知らずに、越えられない壁の前に立ったのである。

## 信管との格闘はじまる

空中から多数の鉛弾子を拳銃弾よりも大きな初速で狭い範囲に発射する榴霰弾は一

八〇三年、英国陸軍のシュラプネル大佐によって発明された。よって大佐の名前は、そのまま「榴霰弾」の意味で通用する。

実戦では、一八五四年のクリミア戦争から使われたといわれ、露天に棒立ちの歩兵や騎兵に対しては、高い効力が認められた。榴霰弾の砲弾の前半分には、１個１０ｇ以上の鉛弾子が、数十～数百個封入されている。１０ｇの鉛弾は、秒速１２０ｍで人間を、１５０ｍで馬を、それぞれ斃す力が与えられる。鉛弾をそれ以上の速度で前方に放射する炸薬として、砲弾の後半に、少量の黒色火薬が填実されている。

しかしそれを起爆させる信管は、射撃直前に、弾丸の頭部からさしこまれる。これは、信管装着を迅速にし、かつ、自爆事故の危険を防ぐためであった。もし底部から嵌め込むようにつくると、信管準備の迅速さと密封性とは両立がはかりにくい。最悪の場合、発砲の瞬間に、螺子《ねじ》の隙間から砲弾内部に高温高圧の発射ガスが侵入して、腔発《こうはつ》や、砲口を出た直後の過早発を起こす恐れがあるのである。

榴霰弾の信管は「火道信管」であった。これは、燃える長さを数段階に切断できる導火線だと思ったらよい。その燃える炎がかつては地上の人間から見えたので「曳火信管」とも呼ばれた。以来「曳火射撃」といえば、榴霰弾または榴弾を意図的に空中破裂させることを指す。

この火道への点火は、砲弾発射時の加速度を受けたとき、信管頭部の撃針と雷管が衝突することによってなされる。運搬中の何かの拍子に火がついては大変だから、発射直前まで安全部品が噛ませられていた。

火道信管の最終進化形態が、発射直前の切断および信管挿入作業の代わりに、はじめから弾頭にしつらえてあるダイヤルを回すだけでよくした「薬盤式」である。

薬盤式火道信管には、ダイヤルの隙間から火道に湿気が浸入する欠点があった（黒色火薬は湿気に最も弱い）。それで、弾頭部分にすっぽりと錫《すず》帽を冠装し、発射のために弾薬車（箱）から砲弾を取り出す際に曳火活機の栓（安全部品）を取り去れば、同時にその錫帽も除かれるようにしていた。

榴霰弾を実戦で敵に向かって射撃（明治一〇年代には「放射」といった）するには、まず弾道特性が榴霰弾と等しくなるように設計してある着発榴弾（鉛弾子は入っておらず、鋼製の弾殻を破片として飛び散らせ、人馬を殺傷する砲弾）を、野砲中隊の全砲車（野砲には双輪がついているので、一門の大砲のことを「砲車」という。1個中隊の砲車数は仏米では4門、英独伊と日本が6門、露は8門）が、400mまたは200mずつ弾着方位をずらした翼次試射（1門ずつ撃っていく試射）を行なう。

そして、最初の夾叉弾（たとえば4発目の射弾が目標の100m左に落ち、5発目の射弾が目標の300m右側に落ちる）を得たら、今度は50mずつ逆方向に方位角をずらした翼次試射を行ない、再び夾叉弾を得たとき、その諸元で、中隊全門が榴霰弾による効力射（試射でない、本当の砲撃）を実施した。

複雑なようだが、わが国でもすでに戊辰戦争に使用された仏製四斤野山砲から、もしも輸入された榴霰弾（仏製1858年式または1864年式）を発射しようとする場合には、これと同様の手順が求められていたわけである。だから明治時代の「砲兵大佐」とか「砲兵大尉」といった官名は、いかにも専門技術者らしい心象を人に与えた。

## 榴霰弾用の複働信管

ところで、野砲兵隊の放列哨長または砲車長が、榴霰弾の目標までの適正な飛翔時間を読み間違えると、たとえ方位や高低の照準は正確でも、曳火信管がまだ燃え尽きないうちに弾丸が地面に激突することも起きる。そうなると、弾殻は割れ、不発に終わってしまうのであった。

戦場は平らで見通しのよい土地ばかりとは限らず、彼我の間に標高差もあったりするから、このような不発弾がしばしば生じて、貴重な弾薬の空費となった。信管の品質のバラつきもあっただろう。

そこで、榴霰弾が地面に落達しても、少なくとも絶対に不発に終わることのないようにし、かつまた、試射用の榴弾がなくとも試射が実施できるようにと、最初にアームストロング社で考案したのが、複働信管であった。（初期には「合式信管」とも訳した。）

複働信管は、以前からある榴霰弾用の曳火信管と、榴弾用の着発信管の役割を、一個で兼ねるものである。もし曳火時間が長過ぎて、地面に落達してしまったら、そのまま着発榴霰弾となるので、威力は相当減じるが、全くのムダ弾には終わらないわけである。観測の役には立つ。

したがって、この複働信管の中には、最初に火道に点火するための撃針および雷管とは別に、着発信管として機能する撃針と雷管がもう1セット、余計に内蔵されていた。

複働信管は、また、発射前の簡単な信管操作によって、意図的に曳火をさせずに、試射のための着発弾とすることができた。さらに、砲口前15～30mで榴霰弾を曳火（破裂）させる「零距離射撃」のモードもつけ加えられ、これによって、近接自衛戦闘用に別に用意しておく必要があった「霰弾」も、以後の野山砲兵隊には不要となり、弾薬車にその分余計に榴霰弾を積めることになった。

明治三一年四月にできた速射砲製作委員（＝委員会）は、新制野砲の信管について、「現用複働信管を修正して採用せん」ことを希望している。

この「現用複働信管」とは、明治二二年九月に制定され、大阪砲兵工廠で生産された、火道が最大で13秒燃焼する「七珊野山砲複働信管」のことを指す。大阪砲兵工廠はそれを承けて、明治三一年五月に、三十一年式速射野山砲用の「仮複働信管」をつくった。

ところがこの古い複働信管を新しい試製速射野砲で撃ってみたところ、火道に点火しない、あるいは、点火しても弾丸飛翔中に風圧で火が消えるという不具合が生じた。

これは、火道に使われている黒色火薬の引火性が弱いためで、低初速の七珊野砲ではそれで何の問題もなかったけれども、無煙火薬を新たに推薬（発射薬）に採用して、初速が格段に高くなった新型野砲には不適合なのであった。

それに、制定時の三十一年式野砲は、最大射角20度04分で撃ったときの最大（着発）射距離は6200mにまで達し、その場合弾丸は最大24・2秒飛翔する。最大13秒の曳火では、その長くなった射程性能が活かせないことになる。

このように、新型火砲が導入されると、それまでの信管が使えぬことが判明、あわてて新型信管を開発する――という泥縄は、三十一年式野砲以後も、何度も繰り返される図式となる。

明治三二年、クルップの信管を模倣して新たに薬盤式の火道信管をつくり、それに急燃性の火道火薬を組み合わせることで、この問題はなんとか解決されたようにみえた。そして明治三三年五月、最大曳火秒時24秒の「三十一年式速射野山砲二段複働信管」が仮採用となった。

しかしこの信管は着発の調子がよくなかった。さらに手直しが必要だった。

有坂少将は着発活機（砲弾が地面に衝突したときに、信管内で動く部品）を改良し、また砲兵大尉河田正太（岡山出身。のち少将となり大正八年に予備）は「支筒転倒式」を考え、ようやく図案が確定したという。この「支筒」とは、着発信管の撃針と雷管が輸送途中や発射の衝撃で動いてしまうことのないように確実に離しておく安全部品の一種である。

これがようやく明治三五年五月に「三十一年式速射野山砲十八秒複働信管」として制定された。曳火秒時が最大24秒から18秒に減らされたのは、立姿の敵歩兵に対しては最大でも4200m、また膝姿の敵歩兵に対してはせいぜい3000mまでしか野砲の榴霰弾は効果が期待できないことがだんだん分かってきて、18秒でも十分だと判断されたのであろう。三十一年式野砲の榴霰弾は、17・6秒で5000mまで届く。

これが日露戦争における75ミリ榴霰弾の信管として使われることになるのだが、安全装置に遠心力利用の部品などが組み込まれていて、工廠での大量生産は至って困難なものであった。

主用弾種にとりつける信管が制定されたのをうけて、明治三五年一一月には、三十一年式野山砲用榴霰弾弾丸が創製される。

ただ、18秒複働信管は、明治三六年二月にも、不発が多い欠点を修正されている。新しい信管の創製とは、これほど面倒なものであった。

**破甲榴弾とは何か**

西洋の戦争で、無腔綫《こうせん》野砲から球形爆裂弾（グルナード）が初めて発射されたのは、一四二一年のコルシカであったという。

ナポレオン戦争時代までは、着発信管も榴霰弾もなかった。榴弾は、敵陣に落下したあと、導火線が燃え尽きて爆発するようなシロモノであった。一八一九年にフランスで発明された軍艦用の炸裂弾も、25センチの球弾に5キログラムの爆薬を入れ、導火線様の起爆装置をつけたものだった。

しかしもし着発信管があれば、爆裂弾を効果的に使用することができる。特に海戦において利益のあることは明白であったから、いろいろな工夫はなされた。

一八〇四年には、フランスで「ボムカノン」が発明された。これは長形榴弾で、前装ライフル砲から発射されたものである。施条砲が普及すると、球弾は長弾にとってかわられ、旋転を与えられながら発射された長弾は、常に弾頭から先に目標に着達するから、着発信管の工夫も容易になった。

一八五〇年にベルギーの砲兵少佐が、種火を内蔵する着発信管を創製した。その後にプロシアの軍人が、種火を使わない機械式の着発信管を完成したという。

海戦では、一八五三年に、トルコ海軍に対してロシア軍艦が着発榴弾を放ったのが最初だったという。とすれば、一八五四年に長崎にいたオランダ軍艦が、着発榴弾をほとんど秘密兵器扱いにしていて日本人にも見せなかったのも、うなずける話だ。

戊辰戦争や西南戦争の「四《し》斤砲《きんほう》」に使われた着発信管は、一八五九（安政六）年採用の仏デマレー式、逆圧式着発信管だった。外見は六角形のボルトナットのようだった。

明治八（一八七五）年に、オーストリアのユカチウス（ユチャチウス）が、縦長破片を生じやすい「環層榴弾」を発明した。これは弾殻が複肉構造になっており、鋳製内層の外側に筋を刻んでおいて、その外側に外層を鋳掛けて造る。日清戦争で用いた七珊野砲（75ミリ）の榴弾は、これを使っていた。ここまでは、第二次大戦中の用語でいえば「瞬発信管」に属する信管である。

普仏戦争後、欧州で「地雷弾」がつくられた。すなわち、後の「破甲榴弾」だ。

破甲榴弾は、コンクリート構造物を貫徹してから爆発する、築城陣地攻撃用の砲弾である。とうぜん弾殻の金質からして別あつらえの堅鉄（鋼に準ずる性質が出るように熱処理された高級鋳鉄）でなくてはならず、かつ弾殻は分厚くつくられた。

それとひきかえに炸薬量は減るが、密閉空間内で爆発するものなので、破壊殺傷目的は十分に達せられる。

破甲榴弾には、弾頭信管は使えない。インパクトの瞬間に壊れてしまいかねないし、弾殻の構造を弱めてしまうからだ。信管は弾底にねじ込む必要があった。しかも、瞬発ではなく、インパクトの瞬間からコンマ何秒か遅れて炸薬を起爆させる、遅延信管（短延期信管）とする必要があった。

## 鋼鉄製の榴弾と弾底着発信管

三十一年式野砲は、日本陸軍の火砲として、はじめて黄色薬を使った地雷弾を発射することが予定されていた。

黄色薬、すなわちピクリン酸の研究は、陸軍では明治二九年から始められ、翌三〇年の一月には、板橋火薬製造所が製造に着手した。黒色火薬の燃焼速度は300～400m／秒程度だが、ピクリン酸の爆速は7800m／秒にも達し、衝撃波によって物体を破壊する。その猛性は今日の軍用爆薬TNTよりも高いくらいだ。燃焼カロリーも高く、これが戦艦の大口径砲弾に充填されるようになってから、被弾艦の水兵が両腕や頭に一瞬の大火傷を負うようにもなった。（余談ながら海軍造兵の秘密主義には陸軍以上のものがあり、大正以後になっても、下瀬火薬の正体が陸軍の黄色薬と同じピクリン酸であることを公示することは許されなかった。）

陸軍は、明治三一年の黄色薬の試験結果が良かったので、砲弾炸薬としての綿火薬を明治三四年までに廃止した。そして明治三三年八月に、砲弾炸薬としての黄色薬を制式制定した。

三十一年式野山砲用の黄色薬を使う榴弾は、明治三一年に最初の試製ができた。この試製榴弾には、黄色薬が980g入っていた。ちなみに、口径が同じ75ミリの、仏1897年式野砲の榴弾炸薬は、メリニット700gである。有坂らは、相当高い威力を狙っていたことが分かる。

いっぽうで、明治三一年四月、「速射砲制作委員」(＝委員会)は、「榴弾は銑《せんせい》製とし弾底に信管を装す」ことを希望したという。「銑」は、鍛造や搾出には適さず鋳造のみに用いることのできる銑鉄のことで、明治には「ズク鉄」とも呼ばれていた。

銑鉄は、屑鉄を原料とすれば、高炉(鉄鉱石から製鉄するハイテク設備)ほどの巨大投資が不要な「平炉」(特殊鋼ならば電気炉)によって生産ができた。当時の日本の工業水準に、適しているのである。(ちなみに戦前アメリカから盛んに輸入された鋼鉄の屑鉄を銑鉄に少し混ぜて溶かしたものは「鋼製銑」といって軍も珍重したほどであった。)

しかしこの希望は実現していない。堅さと粘りの両方がないと、厚いコンクリートを貫通することはできない。銑鉄では、その両立は難しかったのである。

けっきょく三十一年式野砲用の最初の榴弾は、日本で初めての鋼製とし、弾底信管が装されることになった。

先にできたのは信管で、明治三一年五月に大阪砲兵工廠が弾底信管を製作、三四年三月に、「三十一年式速射砲用弾底信管」として制定された。

弾殻の方は、やっと明治三三年一〇月になって、大阪砲兵工廠で鍛造搾出することを得た。炸薬を黄色火薬にするなら弾殻も鋼製としないと、適当な破片は形成されなかったのである。

量産は明治三六年から始まったが、中味の黄色薬の量は、試製弾よりも少なめの、800gに減らされた。理由はよくわからない。

なお、日露戦争中には、この正規の榴弾に代わって、粗製の「銑製榴弾」が量産されるが、弾殻の脆さを厚さでおぎなうため、さらに黄色薬600gにまで炸薬を減ぜざるを得なかった。（あまりに粗悪だったので、日露講和後は炸薬を黒色薬150gに換えて訓練用の代用弾にされている。）

ともあれ、こうして榴霰弾と榴弾を信管ともども整備することのできた有坂は、明治三五（一九〇二）年二月に、「刻苦多年明治三十一年式速射野山砲を創製し陸軍に裨益を与うること甚《はなはだ》少からず其の功績顕著なりとす」として、勲二等旭日重光章と金五千円を授けられた。彼はそれ以前には勲四等瑞宝章を持っていた。

# 第3章 アリサカ・ライフル

無煙火薬（スモークレスパウダー）は、明治一八（一八八五）年、フランスで発明された（ドイツ人は、じぶんたちが一八四六年に発明済みだったと主張している）。英語ではコットンパウダー（綿火薬）ともいう。

成分分類的にはダイナマイトの親類であるこの火薬は、燃焼速度は黒色火薬（ガンパウダー）よりも遅いが、発生する燃焼ガスの仕事量はより大きい。

そのため、小銃の銃身に破壊的な衝撃を及ぼすことなく、弾丸を超音速まで加速させるのによく適していた。

初速が大きくなって好ましいことは、小銃の実用射程内での命中率が高まることである。

たとえば、500m先で密集横隊を組んでいる敵歩兵を、照準眼鏡などが付いていない歩兵銃で狙撃することを考えてみる。試みに、今の高層ビルの最上階の窓の大きさは地上からはどのくらいに見えるかを実験されたい。500mといえば、東京タワーの高さよりもある。裸眼狙撃の限界に近い距離と考えていいだろう。

旧来の、黒色火薬の力で弾を撃ち出す歩兵銃では、500m先の標的を正しく狙うためには、照門（リアーサイト）の高さをやや変更して、銃口が少し天を向くように構えなければならなかった。

撃ち出された重い弾丸は、ゆるやかな弧を描いて飛んで行くが、その弧の頂点を「最高弾道点」という。黒色火薬を推進薬に用いる歩兵銃から500m先の目標を狙った弾丸は、飛翔経路中間付近での最高弾道点が、地表から2・5m以上にも達する。

標的として仮想する敵歩兵の身長は1・60または1・67m、騎兵のシルエットの高さなら2・5mと、当時はみなされていた。

つまり、射距離500mでの最高弾道点が地上1・6mを越える銃は、照門の高さをちょっと間違えただけでも（すなわち射撃指揮官が敵兵との距離をよほど正確に測って兵士たちに教えてくれない限り）、よく狙って放ったはずの弾丸が、敵の頭上高く越えていってしまったり、敵の足元のモグラを脅やかすだけにおわる可能性が高かった。

逆に、射距離５００ｍにおける最高弾道点が、１・６ｍ以下にしかならない銃ができたとすれば、その銃の射手は、敵歩兵がはっきりと見分けられる距離（だいたい５００〜７００ｍとされている）であるのならば、照門を５００ｍに合わせて、ともかく相手の足首を狙って発砲すればよい。弾丸は、敵兵が０〜５００ｍの間のどこかの距離に存在する限りは、必ずやその頭部より下、足首より上に命中するはずである。

### 「小口径・高初速」歩兵銃の普及

歩兵銃の実用射距離は、錯雑地形で散兵を相手にするときは２００ｍ以上にはならないし、まっすぐこちらを襲撃し来る騎兵集団に対するときには、逆に８００ｍ以上から狙っていかなくてはなるまい。面目標とみなせる敵密集部隊に対しては２０００ｍで発砲する場合すらあった。

それでも、弾道が低伸する（＝最高弾道点が低い）ほど、上下方向への外れ弾が減る原理は、射距離に関係なく同じである。

そうした低伸弾道を得る唯一の方法は、弾丸の初速を高めることだった。

弾丸の初速が大きくなりさえすれば、弾道は低伸し、最高弾道点は敵歩兵の中腰の突撃も許さないほどに低くなるわけである。

では、弾丸の初速を大きくするにはどうしたらよいか。

ひとつは推進薬の量を増すことだ。だが、黒色火薬でこれをやろうとすると、射距離500mにおける最高弾道点が地上1・6mを切る前に、銃を頑丈につくるための重量増が歩兵銃の携行限界である5キログラム台を保てなくさせてしまうであろうし、また射手の肩も、あまりに強烈な反動に堪えられなくなることは必定であった。

もうひとつの手は、口径を減らすことだ。加速しようとする物体の質量が小さくなるから、同じ火薬量でも銃身内での加速がより容易になる。しかし黒色火薬でどんなに口径を小さくしても、射距離500mにおける最高弾道点は地上1・6mをはるかに上回ってしまうのだった。

この限界をすっかり取り払ってくれたのが、無煙火薬なのであった。無煙火薬を推進薬に用い、且つ、その口径を減ずれば、銃をそんなに頑丈につくらなくても、また、肩への反動を増大させることもなしに、実用射距離内における最高弾道点を、黒色火薬の限界を越えて低くすることができるのである。

歩兵が銃と共に携行していける弾薬の総重量は、3・5キログラムぐらいと考えられていたから、口径が小さくなれば、携行弾数も増やせる。

それでは、歩兵銃の口径は無限に小さくしていっていいのかというと、標的が人間だけならばそれも一案となるところであるが、突進してくる騎兵の馬をできるだけ遠い間合いでストップするためには、銃弾には一定の重さが必要であると、ヨーロッパ人の経験は教えていた。

馬を1発で斃せる弾丸とは、すなわち、一定距離から馬の一番頑丈な骨を射貫できる弾丸と、同義であった。

フランス軍では、まずその兼ね合いを考慮して、口径11ミリのシャスポー銃の後継となる、次期・無煙火薬使用小銃として、口径8ミリを採択することに決めた。

かくして一八八六（明治一九）年に制定されたのが、フランスばかりでなく世界でも初の軍用小口径連発銃となる、ルベル銃だった。

このとき以来、口径8ミリ以下の小銃は「小口径小銃」と呼び慣わされ、11ミリ以上が相場であった列強の「大口径」小銃は、一挙に時代遅れになってしまうのである。

一般に、小国や、海軍にとっては、銃器の新案をとりいれることには抵抗は少ない。

他方、大国の陸軍にとっては、小銃の新案ぐらい歓迎できないものはない。なぜなら、交換支給すべき歩兵銃や騎兵銃の数が、一〇〇万梃単位にもなるからである。

そうはいってもライバル同士のフランス陸軍とドイツ陸軍は、お互いに相手の技術

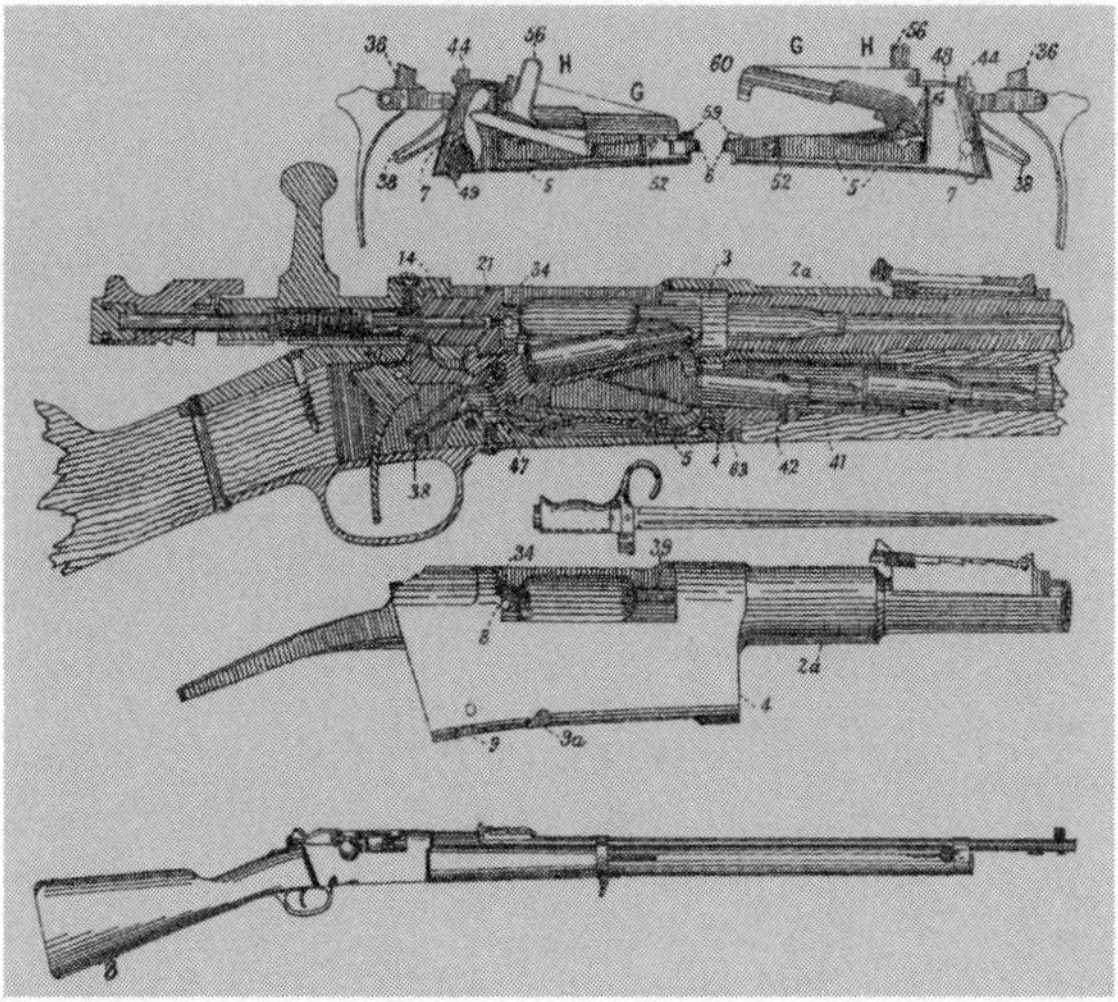


ルベル銃

革新に遅れをとるわけにいかなかった。

ドイツはただちに無煙火薬の採用と小銃の小口径化を決定し、一八八八年に口径7・92ミリ、尾筒直下の固定弾倉に5発を装塡できるGew88歩兵銃を制定することになった。

**村田連発銃**

このドイツの動きを知った日本陸軍は、明治二〇（一八八七）年一〇月、小口径連発銃の明治二一年度中の製作開始を、政府に上申した。まだ村田単発銃（11ミリ、黒色火薬使用）による全軍装備も、完了していない時期であった。

明治二一（一八八八）年一月、小口径連発銃審査委員が選定され、早くも年内に、3次の試験が実施されている。なんとも異例の慌ただしさだ。

最初の村田歩兵銃（十三年式）を創るに先立っては、村田経芳は、英国、フランス、スイス、ドイツの各歩兵学校を10ヵ月かけて遊歴する機会を与えられたものだった。その行く先々で村田は、まず先任教官連を競点射撃に誘って、自作の銃で完勝してみせた。すると、同じマークスマン（優秀射手）として、彼ら射的教官は村田に胸襟を開いた。村田は、一国の軍銃いかにあるべきかの真摯なアドバイスを、彼らから存分に集めて帰国することを得たのである。

ところが次の村田連発銃（後年「二十二年式」と冠され通称されるが、正式には村田連発銃に年式は付かない）の創製に際しては、村田はそのような機会を全く与えられなかった。ただ完成の時期だけが示されたのである。やむなく村田は、当時まだドイツでもフランスでも採用していた前床管（チューブ）弾倉の装弾機構を模倣して、拙速に連発小銃を完成する。

口径は、村田銃の伝統でフランス（この時はルベル銃）に倣った8ミリ。前床管弾倉に8発つめた後に「搬筒匙軸転把」という切りかえつまみを「単発」の

村田連発銃（二十二年式）

位置に倒すと、弾倉からの給弾が遮断されるので、そこで改めて薬室内に1発、また搬筒匙（次弾を薬室に送り込むメカ）上にも1発を載せて、スタンバイすることができた。つまり、いざとなれば10連発銃になるのであった。

これに対して、仮想敵・清国兵の装備するGew88小銃（ドイツは国を挙げて清国に兵器を売り込み、ほぼ市場を独占していた）は、マンリッヒャーの発明した特殊なパック式の装弾をするために、5連発以上にはならなかった。

ただし、明治二一年に陸軍が実験したところによれば、兵士が立姿で前床管弾倉に8発の実包を塡実するには14秒を要し、これはマンリッヒャー式尾槽弾倉（遊底下に固定）のGew88よりも遅かった。（Gew88のデータはないが、参考値として、三十年式小銃のクリップ5発装塡には、5～7秒を要したとされている。その同じ秒数で、二十二年式村田連発銃ならば3発込められる勘定だ。)

これが、明治二二(一八八九)年一月二三日に「村田連発銃」の名を以て制式として制定された。

十文字信介著『猟銃新書』(明治二四年一二月刊)に村田自身が寄稿しているところによれば、穿貫力は十八年式歩兵銃の6倍あり、分解は容易である。連発銃だが弾倉のおかげで手を焼かない。しかも照尺を変更することなく600mを射撃し得る。ただし10発の装塡(改装)には1分かかる——という。

二二年末からは、量産も本格化した。

その時点で山縣は、村田の役割が終わったと判断したようだ。

明治二三年九月、村田は、一一月に開設予定の帝国議会の貴族院議員に勅撰された。これは功労者に名誉を与えて事実上は隠居させる「まつりあげ」ポストとしてよく使われていた。軍人は少将に昇進すると、男爵になる資格もできる。かくて一〇月、村田はかつての親友桐野と同じ陸軍少将に栄進すると同日付けをもって、予備役に編入されたのである。〔村田はしかしその後も小石川工廠に深く関与し、なんと工廠で「村田式猟銃」を受注生産させた。すなわち廃銃となった十八年式村田歩兵銃の機関部を取り外し、全国からの客注に応じて、4番ゲージ(=8分玉、24ミリ)から32番ゲージ(13・2

ミリ）までの散弾銃身と、各種銃床や安全装置もあつらえて販売したもので、12番（18・1ミリ）までは村田銃の機構そのままでも耐えられたという。マタギの世界でいわゆる「村田銃」とは、この市販された散弾銃バージョンのこと。」

### 悪評嘖嘖《さくさく》

村田連発銃は、明治二七年に初めて戦場に出た。日清戦争である。ただし『偕行社記事』754号（昭和一二年七月刊）によれば、動員時までに支給と訓練が進んでいたらしいのは近衛師団と第四師団のみで、この2つの師団は前線の戦闘には加わらなかった。

したがって本銃の真の初陣というべきは明治二八年三月〜一一月の台湾鎮定作戦（主力は近衛師団）であり、真面目の戦闘に投入されたのは、すでに有坂が三十年式小銃を完成した後に起こった北清事変（明治三三年六月〜九月。講和調印は翌年）が最初であった。この時、多国籍軍の中で、日本兵（旅団規模）だけが管弾倉式の小銃を持っていると、外国記者は報じている。

そして三度目にして最後の実戦使用は、日露戦争の後備旅団の兵士たちによってであった。それも明治三八年中に、三十年式小銃と交換されてしまった。

つまり、「新品」の村田連発銃に対する、全軍的なコンバット・プルーフ（実戦場裡の声価）なるものは、ついに存在しないのである。

多くの解説書や研究書は、村田連発銃は兵士たちから不評であったとする。そしてその理由の一つとして、管弾倉内の8発を撃ち尽くしてしまうと、あとは8発ずつ再装塡している暇がなく、1発ずつ装塡しては発射を繰り返す単発銃と化してしまったからだ、と説明を加えている。

しかしながらその悪評の主な出所は、日露戦争で廃用直前の村田連発銃を持たされた後備旅団の関係者が、日露戦争後だいぶ経ってから語っている回顧談だ。

北清事変でも、前床管弾倉に弾を補充する余裕は日本兵には常にあった。管弾倉は、まったく空になってしまう前、つまり2発とか7発とかを射耗して「撃チ方止メ」がかかったときなどに、こまめに補充しておくことが可能なのである。日本兵は、遠距離においては前床管弾倉に8発を装弾したまま機能を単発モードに切り換えて射撃し、突撃直前に連発モードに切り換えればよかった。

そもそも管弾倉は、戊辰戦争で、床尾管弾倉式のスペンサー・カービン（7連発）や、前床管弾倉式のヘンリー銃（13または16連発。ただし弾薬は拳銃弾）を使った日本軍人には、古馴染みである。特によく見られたスペンサー・カービンは、その全

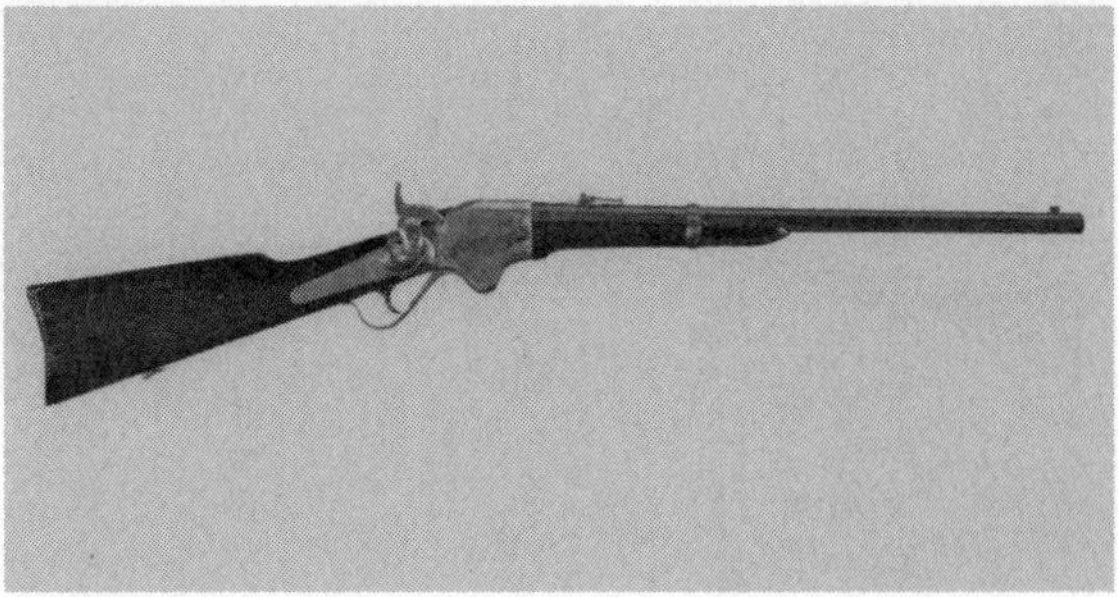
スペンサー・カービン銃

部が南北戦争の中古品だったから、急射をしようとしてうまく作動しないものがままあった。そしてそのような場合のために、スペンサー・カービンには、床尾（バットストック）内の着脱式管弾倉からの給弾を遮断し、直接薬室に1発ずつ装塡し得る、単発切り替え機能が備わっていた。

そしてそれとほぼ同じ機能を果たす切り替えつまみ「搬筒匙軸転把」が、村田連発銃にも初めから設けられていたのだ。「単発銃と化してしまった」のではない。兵士は意図して、普段は単発モードを使っていた。

それは何故かといえば、大陸沿海部の表土はゴビ砂漠から長距離を飛来した粒子の最も細かな砂塵なので、内地の砂とは違い、どんな隙間にも侵入してくるために、村田が連発銃に採用した「クロパチェック式」のような華奢な連発機構では、作動の途中でひっかかりが生じやすくなったのである。たとえば、次に発射しようとする

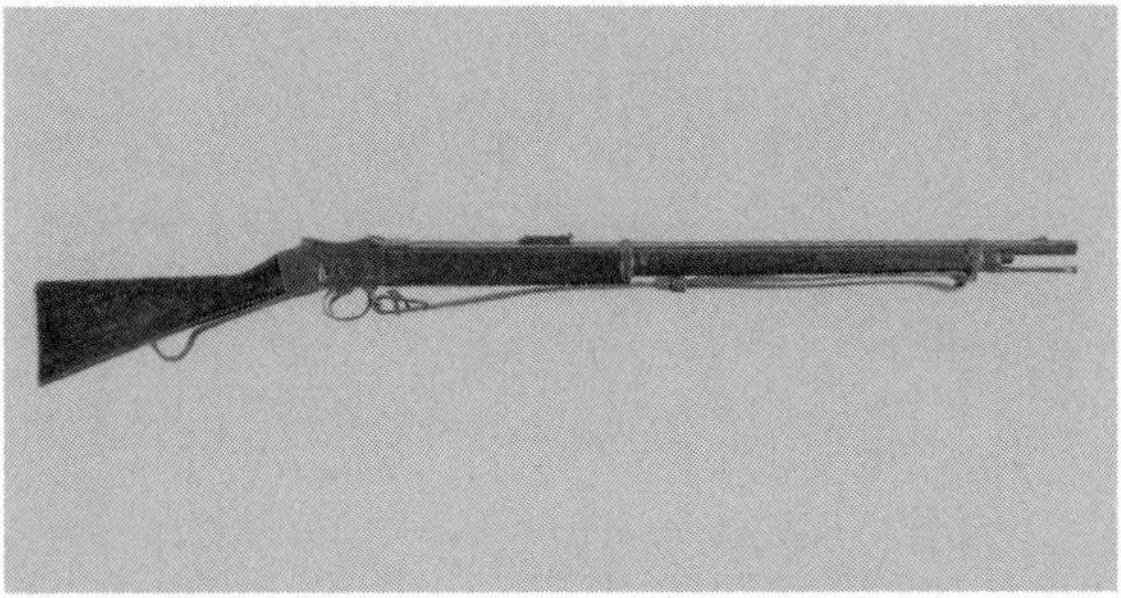

ヘンリー銃

実包が管弾倉から出てきて、いよいよ薬室に押し込まれようとする寸前のところで、砂を嚙んだ機関の動きが止まってしまったりする。焦って槓桿《こうかん》を動かしても、テコの作用点と力点が逆転した形で、もう前にも後ろにも動かない状態になる。こうなると、自分の連発銃を、単発銃として使うこともできなくなるという最悪の状況を迎えるのだ。

かかるきわどい「ジャム」をいっぺん体験した兵士は、初めから連発機能を解除して、単発射を心掛けるようになる。そしてこの故障は、現役兵よりも、槓桿操作や手入れのコツを忘れた後備兵が、よく起こすものであった。（もちろん、小石川工廠の工作機械精度の低さから、小銃調達量の増大にともなって、細かな部品の念入りなヤスリ調整が追いつかなくなったことも考えられよう。金質も未熟だったことは確かで、たとえば弾倉にフルロードしたまま長時間放置すれば、蛇線バネが弱って連発がきかなくなることが注意されていた。）

村田連発銃に真に非難すべき欠点があったとすれば、それは命中率の低さであった。たとえば明治二九年度には、近衛師団を除く陸軍の24個連隊のうち、12個連隊だけが村田連発銃を装備していたが、その年の検閲射撃の成績を比較したところでは、単発銃連隊の方が良好であった。

また、三十年式小銃が採用された後の明治三〇年六月のこと、村田連発銃で屍馬を撃つ実験をしたところ、600m以遠では上手な射手でもまったく命中せず、実用射程は300m以下であることが確認されている。（照尺は2000mまで刻まれていた。）

以上は、陸軍将校向け雑誌の『偕行社記事』に公表された事実であるが、こんなことは、造兵当局者には、日清戦争の前から分かっていなければおかしい。

おそらく兵士の士気を損ねないために、この銃が当たらない銃であるという秘密は、一般の将校にも明かされなかったのであろう。

なぜ当たらないかの理由はいろいろあろうが、私は、ルベル銃や村田連発銃など「無煙火薬第一世代」に属する各国の小銃は、新式推薬の威力を過大評価していて、どれも口径に比して銃身を短くしすぎたのだと思う。

なお、この二十二年式村田連発銃用の8ミリ実包は、内地の要塞に配備されていた国産の馬式（マキシム）機関砲でも使用するため、日露戦争が終わるまで、製造が続いている。

## 三十年式小銃の血統

村田経芳がその射撃人生の総決算において、心ならずも当たらぬ鉄砲、「村田連発銃」を拙速主義で大量急造させ、将校たちの音なきブーイングの中を引退させられたあと、有坂成章が、同じ不可能にチャレンジすることになった。

陸軍、すなわち山縣有朋の子分たちが与えた課題は、「いまから3ヵ月で新しい小銃を作れ」であった。

有坂がその課題に応えて完成した口径6・5ミリの三十年式歩兵銃は、基本機構はさまざまな外国銃に負っている。以下にしばらく、その技術的な流れを通覧しておこう。

一八七一年、プロシアのパウル・フォン・モーゼルが、槓桿式小銃の薬室閉鎖機構を大成した。これはターン・ボルト・アクション（門扉の閂《かんぬき》に似ていることから）、または、モーゼル・アクションと呼ばれ、ドライゼ銃の槓桿付き遊底に大幅な改善を施したものであった。

遊底には複数の突起が設けられ、堅確強固に薬室を閉鎖する。強装弾や不良弾を装塡・発火しても、射手の顔面に危険が及ぶことのないように配慮されている点に於いて、ほとんど完成に近い水準に達していた。今日の軍・警察の狙撃銃や、ラージボア競技銃でも、このモーゼル・アクションと基本的に大差のない機構が採用されている。

このメカニズムは連発化にも適しており、一八八〇年には銃身下に8発入り管弾倉を有するモーゼルM71／84型連発小銃が開発された。一八八六年には、フランスのルベル連発小銃も前管弾倉を採用する。

しかしその2年後の一八八八（明治二一）年、ドイツ陸軍は前管弾倉に見切りをつけ、ボルト直下に箱型弾倉を設けたGew88ライフル（モーゼルの全体設計ではないものの、遊底にはより完成されたモーゼル式が組み込まれている）を制式歩兵銃として採用した。実包5発入りの特殊なパックごと装弾する方式は、オーストリアのマンリッヒャーが一八八一年に考案し、一八八五年には墺洪帝国の最初の制式銃にも採り入れられていたものである（そのためGew88が誤ってマンリッヒャー・ライフルと呼ばれることもある）。村田経芳は運悪く、ちょうど独仏が路線を転換しようとしていたこの時期に、独仏に倣った前床管弾倉式の「村田連発小銃」をまとめあげた。

フランスでは、ドイツにやや遅れて前管弾倉の不利を悟り、一八九〇年にマンリッ

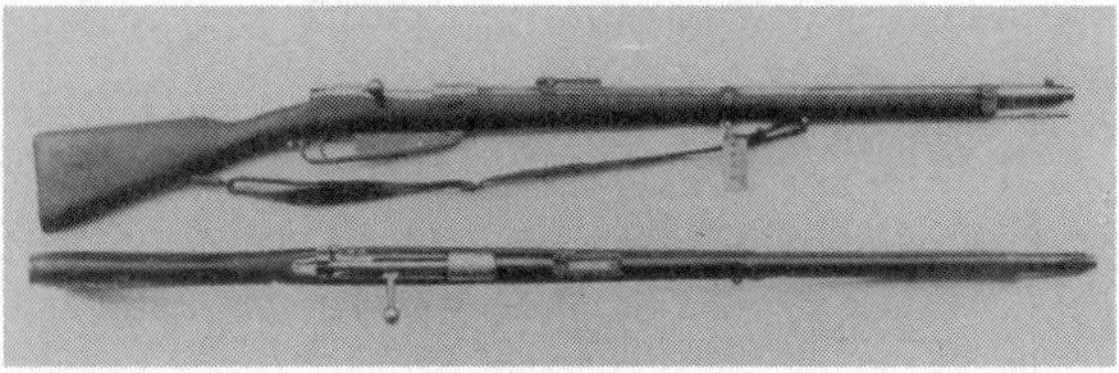
Gew88ライフル

ヒャー弾倉を採用したM1e1890小銃を制定した。
前管弾倉にどんなデメリットがあったかについては、明治三〇（一八九七）年二月、『偕行社記事』が仏軍事雑誌の記事を訳出したものによって窺われる。当時、フランスでは前管弾倉式のルベル小銃をいぜん予備師団用にストックしていたのであるが、この記者は、重心が槓桿より前に偏るため照準が疲れやすく、予備兵は槓桿操作が不良なのでジャムを起こす、などの欠点を並べ、この銃は廃止を望む、とまで切論している。
まさに二十二年式村田連発銃に代わる三十年式歩兵銃の採用を、西洋先進国人の口を借りて全軍に得心させるかのような転載となっている。

### 槓桿《こうかん》を引いた時に撃針が後退

おもしろいことに、オーストリア陸軍では、自国人クロパチェックの発明した前管弾倉式小銃を採用したことはない。その代わり一八八八年に「直動式」（ストレート・プル・ボルト・アクション）とよばれる独特な薬室閉鎖機構を有するマンリッヒャーM88連発小銃を制定した。紛らわしいのだが、ドイツのGew88とは全くの別物である。その傍らオーストリアは、ルーマニア陸軍のために、モーゼル・アクションに似た1892年式マンリッヒャー連発小銃を製造した。

この1892年式マンリッヒャー小銃の遊底機構は、ほぼモーゼル式（Gew88）の盗作だった。ただ、遊底内の撃針をコッキング（後退制止）するタイミングが、モーゼル式では槓桿（ボルトハンドル）を右手で摑み最初に垂直に立てる時であるのに対して、マンリッヒャー1892年式では、槓桿を起こして後方に引っ張る時、と違えていた。

有坂がつくった三十年式歩兵銃／騎兵銃や、それを南部麒次郎が改修した三十八年式歩兵銃／騎兵銃、およびその増口径型の九九式小銃に至るまで、旧日本陸軍の小銃は、すべて槓桿を後ろに引いたときに撃針がコックされる。その「伝統」を確立した初代の三十年式小銃が、この1892年式マンリッヒャー小銃の遊底を参考にしていたことは、疑いようもない。

外見面でも、たとえば、木製銃床を右手で握って肩にしっかり引き付けるための、狙撃本位で、格闘本位ではないピストルグリップ状の突角（二十二年式村田銃やそれ以前には存在せぬもの）は、明らかにマンリッヒャー系の意匠を汲む。

なぜ有坂は、定評のあったGew88のモーゼル式ではなく、1892年式マンリッヒャーの遊底機構を模範としたのだろうか。

おそらくは、1892年式マンリッヒャーの遊底の方が、Gew88のモーゼル式の遊底よりも、製作工程が簡略化されていたためであったろう。

明治二六（一八九三）年の陸軍兵器本廠の記録に、この年の七月、1892式モーゼル連発銃を1梃「買収」（＝参考輸入）した、とある。モーゼルに1892年式はないから、これは紛れもなくルーマニア向けに製作されたマンリッヒャー・ライフルのことだろう。

まさかとは思うが、省部の誰かが、これをドイツの最新式だと信じて有坂に渡し、コピーを慫慂《しょうよう》した可能性もある。真相はあくまで不明だ。

## 口径6・5ミリの賭け

一八九一年一二月、イタリア陸軍が次期主力小銃に口径6・5ミリを採用しそうだ、との情報が日本にもたらされた。

日本兵の背格好に最も近いイタリア兵の歩兵銃として6・5ミリという思い切った

小口径が採択されることは重要情報である。もし6・5ミリで7・92ミリ（清国軍の小銃口径）や7・62ミリ（ロシア軍の小銃口径）弾に対抗できるのならば、資源小国で工業後進国の日本として、その6・5ミリを選ぶのにしくはない。かつてイタリア人教師の通訳を勤めたこともある有坂は、特にイタリアの軍用銃の動向には関心を払っていたであろう。

一八九二年八月、東欧の小国ルーマニアは、世界で最も早く、口径6・5ミリの1892年式マンリッヒャー銃の採用に踏み切った。交換支給すべき小銃の定数が少ない小陸軍国ならではの果断といえたが、その一方で、連発銃の採用としてはこれが世界で最も遅い記録ともなっている。

続いてイタリアが、風評どおり、同じ6・5ミリでマンリッヒャー式弾倉を使用する1891年式銃を採用した（W・マンチェスター著『ある大統領の死』によれば、ケネディ暗殺犯オズワルドは、この6・5ミリのマンリッヒャー・カルカノを2発撃って目的を達したのである）。

以後、6・5ミリ弾を採用する国が、ヨーロッパの小陸軍国を中心に少なからず続いた。なお、国によって、それぞれの実包の寸法はすべて異なっているが、この時点では、イタリアの6・5ミリ弾薬が最もコンパクトにできていた。

明治二七（一八九四）年八月、兵器本廠は、ドイツ1888歩兵銃、オランダ1892「マンリッヘユール」、ベルギー1889歩兵銃、オーストリア1888「マンリッフヱール」、スイス1889歩兵銃、1892「マウゼル」歩兵銃を、戸山学校へ支給した。また砲兵学校にはその弾薬を渡したと記録に見える。

このうち、オランダ軍の「1892」年式は、どの銃器解説書にも載っていない。おそらく1895年式小銃のプロトタイプなのだろう。

そう考える根拠は、『偕行社記事』が、明治二六（一八九三）年三月にオランダで、6・5ミリ弾でも馬を斃せるとの実験リポートがあったことを伝えているからだ。1895年式は、口径6・5ミリである。

ベルギー1889年式小銃は、ドイツのGew88の発展型だ。口径は7・65ミリ。「重濁なる音響を発し、その生ずる微烟は甚だ速やかに散ず。但しその臭気は人をして嘔吐を催さしむ」という外国記者の評言が『偕行社記事』で紹介されている。

スイス1889年式は、シュミット・リュバンと呼ばれる口径7・5ミリの歩兵銃である。国会決議で採用されているところがスイスらしい。特徴は、槓桿を垂直に立てることなく、そのまま後方に引けばいい「ストレート・プル」の遊底機構にあった。有坂が参考にした部分は少なかったろうと思われる。

明治二八年から翌年にかけては、海外の実戦場で、小口径弾の威力不足に兵士たちが不満、との噂が届いてくる。

一八九五年三月から一八九六年まで続いたイタリア・エチオピア（アビシニア）戦争では、戦闘の最終局面になって、例の6・5ミリの新小銃、カルカノ1891年式が戦地に届けられた。

この銃は、ベルギーの1889年式を参考にして設計され、一八九二年に採用されていたが、支給は遅れていたようだ。

イ・エ戦争と前後して、英国陸軍も、インド北西部チトラールやスーダンなどで、新開発の口径7・7ミリのリー・メトフォード銃（採用は一八九一年）を初使用している。

イタリア兵もイギリス兵も、小口径銃を絶賛しなかった。不満の主なものは、「弾が当たっても敵兵が死なない」「5発命中させたがなおも土民が突進してきた」といった類である。後者の例は、あきらかにうろたえた兵隊が狙いを高めに外していただけであった。

この「マンストッピングパワー不足」論争は、イギリス陸軍ではかつて、純鉛弾を低初速で発射するスナイドル銃（口径0・577インチ）を、硬鉛弾を高初速で発射するマルティニー・ヘンリー銃（口径0・45インチ）に更新し、ズールー戦争に初投入したときにも、やはり起こった。しかしこの不平は、高初速によって得られる命中期待率の飛躍的な向上や、貫通力の増強に、ひきかえられるものではなかった。

英軍当局は、それでもインドのダムダム造兵廠にて7・7ミリの先端部無被套弾丸の製造を認めることになった。さらにヨーロッパの対白人用弾丸には、体内転動を狙って弾頭前半部に軽いアルミを充填したりすることも始める。これはイタリアやフランスでも追随するところとなった。

実戦に投入されたものではないが、アメリカ海軍では、この頃に、6ミリという世界最小口径のM1895海軍銃を一八九六年から導入している。総数2万梃弱が納入されたが、尾槽弾倉でありながらマンリッッヒャー式の採用を嫌い、指で1発ずつ詰める方式としたために海兵隊からは好かれず、すぐにアメリカ陸軍と共用のM1903スプリングフィールド銃に切り替えられることになった。

一八九五年から翌年にかけては、フランス、オーストリア、ドイツで、最小5ミリまでの小口径高初速弾の実験が行なわれた。しかしどうやら、当時の無煙火薬の性能では、6・5ミリよりも口径を小さくした軍用銃の効能は疑問であるという結論が得られたらしかった。

## 三月《みつき》で生まれた名銃

村田連発銃に急速にガタがきていたことと、世界的な小銃技術の進歩とを受け、日本陸軍も新開発の次期小銃で対露戦に臨む方針を定めた。

明治二九年七月、その次期小銃をめぐって、東京砲兵工廠の本庄道三小銃製造所長と、秋元盛之砲兵会議議員の意見が、衝突したという。最初の対立の内容が何だったのかは皆目不明である。しかし、軍務局第一軍事課長兼砲兵会議議長の中村雄次郎は、東京砲兵工廠提理でもあった有坂成章に、新小銃の設計を命じた。

口径6・5ミリの新型実包は、この時点でもう試製されていた。のちに「三十年式小銃実包」として制定されるが、それは、イタリアの91年式6・5ミリ弾とほぼそっくりな外寸と全重（伊22g、日22・4g）、および弾頭重量（10・5g）を有しながらも、装薬量が、イタリアの1・95gに比して2・07gと多かった。つまり、ほんの僅かだけ、薬莢の真鍮（明治四三年の『大日本百科辞書』によると、銅65＋亜鉛35。明治四〇年の陸軍砲工学校の『工芸学教程』には、亜鉛33・3％だとある）を節約しているのである。この弾薬の弾道性能と、世界一といえる省資源性が、三十年式小銃をただのモノマネではない「有坂銃」にした一要因であろう。なお三十年式小銃実包の弾頭は、純鉛核を白銅皮（銅80＋ニッケル20）で包んだものになった。時の銃包製造所長は、江川誠砲兵大尉である。が、この実包の発明者の名前はまだ特定されてはいない。（諸資料の中には、退役している村田経芳の名を挙げたものまである。）

有坂の前には、三十一年式野山砲関連の仕事が、山をなしていた。にもかかわらず有坂は、倉皇の間、寸暇を盗み、わずか3ヵ月で、新小銃の設計・試作に漕ぎ着けた。その明治二九年の内には、三十年式小銃のプロトタイプができ、引き続いて屍馬、屍体への6・5ミリ弾の射撃効果が実験され、有効性が確認された。屍馬は、軍の病馬を射場で薬殺したものを用い、屍体は、最寄りの帝国大学医学部に代価を払って、解剖学教室が保存しているものを頼み込んで融通してもらうのである。ドイツでは昔から百体単位で実射試験に供していたようだが、日本ではとてもそのような体制は無理であった。せいぜい完全体2体程度に、上半身を解剖実習に使った残りの下半身だけの半体を加えて、国運のかかった実験をしなければならなかった。現在ではどうやっているのか、私は知らない。

翌明治三〇年は、例の三十一年式野山砲の機種選定問題があり、小銃関係の進捗は、弾薬の試験と、東京砲兵工廠が米工作機械メーカーのプラット・アンド・ホイットニ

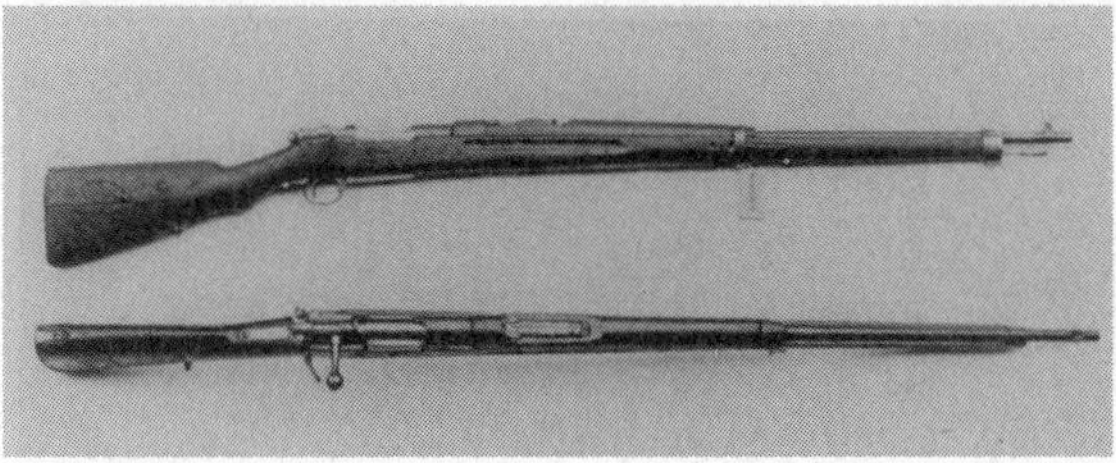

三十年式歩兵銃

ー社に小銃製造機械を大量発注したことだけであった。

その野山砲の機種選定問題がようやく一段落をみた明治三一（一八九八）年の二月、砲兵会議で、三十年式歩兵銃は制式制定された。四月、有坂はふたたび砲兵会議審査官になった。

六月に入ると、制定された三十年式歩兵銃によるダメ押しの馬体銃創試験が実施され、同月、「三十年式空包」、つまり薬莢のデザインが制定され確定した。

一〇月には、三十年式歩兵銃と三十年式銃剣の製造が始められ、翌一一月には、いつも新装備を真っ先に受け取る、近衛師団などへの引き渡しが開始された。

三十年式銃剣は、当時の英国小銃の短めの銃剣を手本にとり、剣身は495ミリあった。着剣すると、つき出る先は、ちょうど40センチとなる。のちに、鍔の形や材質が変化することはあるが、この制式銃剣が別な新式によって更新されることは、昭和の敗戦までない。

明治三二年四月、量産品の三十年式歩兵銃が、ナンバー師団（近衛以外の歩兵師団）の各司令部に２梃、各歩兵連隊には６梃ずつ、配布された。取扱教育用である。続いて、各歩兵連隊に３６２梃ずつ、また他兵科にも若干数が配られ、小銃製造所からは、量産担当の南部麒次郎砲兵大尉らが派遣され、全国を巡回した。

せっかく定評ある米国の工作機械を導入して量産した三十年式小銃であったが、その部品には「絶対互換性」、つまり、どの銃のどの部品をとってきて組み立てても作動が保証されるような精度はなかった。

生産ラインの最後では、ベテラン仕上げ工が１梃ずつヤスリを使って機関部の作動をなめらかにしていた。そのため、特に微妙な遊底ブロックを構成している、円筒、遊頭、抽筒子、蹴子、撃茎《げきけい》、撃鉄、副鉄、撃茎駐螺《ちゅうら》の各部品には、「イ、２３５」「ロ、２３５」……のように、一銃ごとの共通記号がポンチで打刻され、部隊での分解手入れのときに、ほかの銃の遊底ブロックに組み付けることがないようにしていた。（このような製造番号は村田銃の機関部の最小部品にも鐫刻《せんこく》されていた。）

しかし、なぜか兵士はそれを教えられなかったらしい。また、なくしたり壊した部品を他人の銃から盗んで組み立てることもあり、作動不具合の銃が生じた。

後に三十八年式小銃になっても、円筒、抽筒子、撃茎、撃茎駐胛《ちゅうこう》などは、同じ理由から、他人の銃の物は使うことができなかったのである。

## ロシア軍の小銃

明治二四年、ロシアで、5連発の「1891年式ライフル」が完成した。日露戦争でロシア歩兵の全員が装備した銃は、これである。

『クロパトキン回顧録』（明治四三年参謀本部訳）によれば、クリミア戦争時点でロシア軍は、「ベルタン」「クリンク」「カルリ」の3種の小銃を混用せざるを得ず、そのうち6条ライフルのクリンク式が最多だった、という。露土戦争（一八七七～七八年）後、ロシア軍は「ゴゼ」式連発銃を導入するものの、依然数的に大宗を占めたのは、口径0・42インチ（10・7ミリ）のベルタン単発銃だったらしい。

ロシアがこの旧式銃を一挙に最新式に更新しようとしたときに、フランスは、自国製のルベル銃の採用を強く働きかけた。フランスには、ルベルの弾薬が数億発も余っていたのだった。

しかしロシアはこの古物融通を謝絶したのみならず、それまでどの先進国でも選んでいない、口径0・30インチ（7・62ミリ）を採択した。弾倉はイギリスのリー・メトフォードのそれに近いものだが、独自の工夫を加えてあった。量産はフランスに委託され、一八九三年には大半を支給し終えた。なお『クロパトキン回顧録』には、奉天会戦前のロシア補充兵は一八八七年よりの老兵のため、現用「3リニヤ銃」を知らなかった、と書いてある。

一八九二年、ロシアにわずかに遅れてアメリカ陸軍は、ノルウェーのクラグ・ヨルゲンセン小銃を口径0・30インチ（7・62ミリ）仕様で導入した。（弾頭長や薬莢の寸法はロシアのものと異なる。）一九〇三年にそれをモーゼル・アクションのスプリングフィールド銃で更新したときにも、米国は口径はそのままにした。おかげで、この7・62ミリという口径が、第二次大戦後の長いあいだ、アメリカおよびソ連の同盟国の標準口径になった。自衛隊にまだ多数残る64式小銃が7・62ミリである理由も、この時に遡る。

ロシアの7・62ミリ弾は、国がソ連と変わっても使われ続けた。第二次大戦末まで、この1891年式ライフルと基本的に変わらない槓桿式小銃がソ連軍の主幹小銃だったのである。

戦後の日本においては、旧軍については調査に基づかぬ批判も許される風潮を生じ、たとえば三十八年式歩兵銃の制定年が日露戦争の終わった年であることをもって軽忽に旧軍の旧式ぶりを誇張する論評がまかりとおっている。有名な論者としては、故・

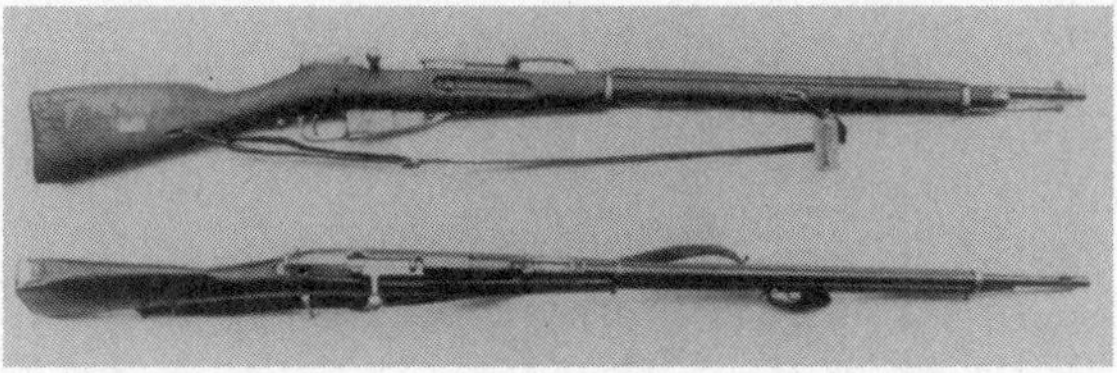
1891年式ライフル

司馬遼太郎を挙げることができるだろう。

しかしこのソ連に限らず、ドイツ軍やイギリス軍も、主力小銃は、日露戦争以前に設計が確定した槓桿式であった。アメリカ陸軍や海兵隊も、日米開戦時に太平洋に駐留していた部隊の小銃は、日露戦争前年採用のスプリングフィールド1903年式である。ことと旧軍の小銃と戦車に関する限り、司馬遼太郎氏こそが「自虐史観」の権威ある放送塔であった。

**旧軍歩兵銃に「白兵主義」無し**

ロシア軍の1891年式小銃の外見上の特徴は、三角断面の長い銃槍が銃口に固定されていることであった（断面を四角にすれば丈夫にはなるが、馬に刺したときに抜き難くなる欠点のあることが、ボーモン銃によって知られていた）。銃槍がなければ、銃全長は1・29mなのだが、着剣した状態では、全長は1・73mもあった。

ロシア独特といえたのは、この銃槍が、照星によってしっかりとネジ止めされていたことだ。事実上、それは着脱式ではなかった。ロシア軍の歩兵は、普段から長い銃槍をつけたままの歩兵銃を持ち歩くことを強いられていたわけである。北清事変のとき、（旧式銃装備の英領ベンガル兵を除けば）ロシア兵だけがいつも「着剣吊《つ》れ銃」でノシ歩いているのを、日本軍将兵も間近に見、その長大なリーチともども、浅からぬ印象を受けたはずである。

この半固定式の銃槍は、諸外国のワンタッチ着脱式銃剣に比べて、より激しい格闘にも不安なく臨めるというメリットはあろうが、平時の訓練には危険千万なばかりか、的を狙って据銃《きょじゅう》したときの重心が引金部よりもずっと前にくるから、数度躍進後の呼吸が乱れているときに丁寧な照準をつけることなどは望めないのであった。こうした武器の形態からも、ロシア軍の歩兵戦術思想がいかに狙撃を軽視し、銃剣突撃に重きをおくものであったかが窺える。

いっぽう、ロシア軍の連発銃採用から5年後の一八九六年に設計・完成されたわが三十年式歩兵銃は、剣なし全長1・27m、剣付全長で1・67mである。

この数値を見比べただけで、日本の小銃が、はじめからロシア軍小銃との白兵戦時のリーチを意識していないことは、明らかだと思う。

明治日本軍の思想は、村田経芳が《ゴルゴ13》を地でゆく特級射手だった関係と、

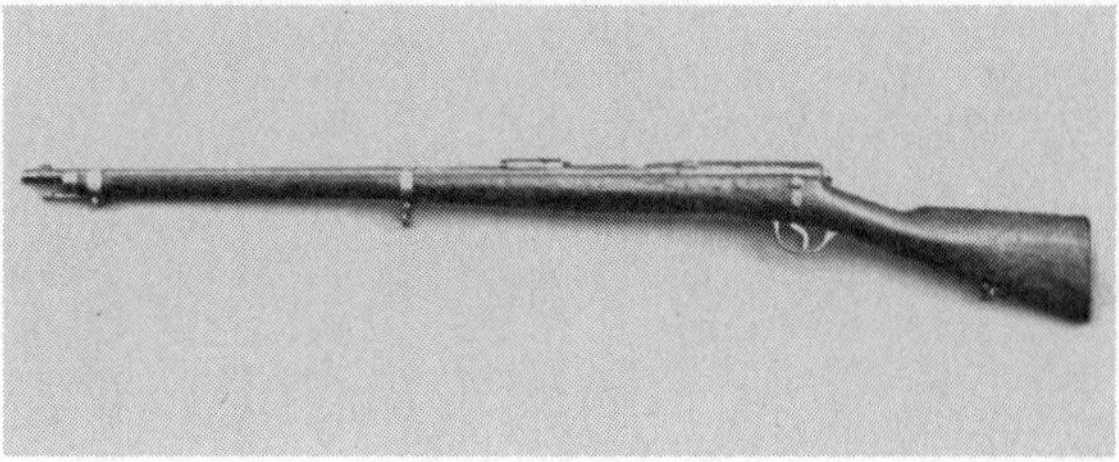

村田歩兵銃（十八年式）

西南戦争が日露戦争を先取りするような弾薬戦になった貴重な経験から、白兵（ブランケ・ヴァッフェン）への過信は毛頭なく、スイス軍のように全兵卒の狙撃技量でもって外患に処すことを理想としていたのである。

参考までに、後備旅団装備の村田連発銃（二十二年式）の剣付き全長は、無煙火薬第一世代の外国銃の影響で、わずか1・48mに過ぎない。その前の、十八年式村田歩兵銃（日露戦争中も輜重《しちょう》兵や内地国民兵が装備）の剣付き全長は1・74mだ。さらに村田銃ができる前の陸軍制式銃であったスナイドル銃は、剣を着けると1・9mにもなった（ゲベール銃だと2・3m）。歩兵が二～三列横隊となって戦闘していたその昔、歩兵銃の着剣全長は、1・9m位ないと、敵の騎兵に対して槍襖《ぶすま》を構成できなかったのだ。

だから、もし三十年式歩兵銃を設計する際に、ロシアの1891年式に銃剣術において対抗する意図が働いたとするならば、十八年式村田銃以前の長さの銃剣を復活させることによって、三十年式歩兵銃の着剣全長を1891年式に匹敵させることは容易にできたろう。しかし西南戦争を体験している日本陸軍には、着剣リーチの長さで敵兵に勝とうなどという発想はなかったのである。

過去のフランス軍の経験でも、「清仏戦争」で銃剣を使ったことは一度もなく、普仏戦争では一回だけ、フランス軍歩兵が銃剣を使用する機会があったといわれる（普仏とも槍《ランス》を主武器とした騎兵部隊は別）。

そして日清戦争では、清国兵は、ほとんど七珊野山砲の榴霰弾射撃で駆逐されてしまった。十八年式村田歩兵銃（単発銃）を持った日本兵が小銃射距離に近付いてもなお陣地を捨てずに反撃するような清国兵は、稀であった。いわんや錦絵に描かれているような両軍白刃を揮っての激突などが生じたことはない。

後章でも説明するが、戦前日本陸軍のひとつの象徴となった三十八年式歩兵銃は、三十年式歩兵銃の機関部だけを改修したものにすぎない。銃剣もまた三十年式銃剣がそのまま流用されているので、とうぜんのこと、剣付き全長も剣なし全長も、三十八年式歩兵銃は三十年式歩兵銃と寸分違わない。

そして三十年式小銃の本体の長さは、6・5ミリ弾で必要な低伸弾道を得るための銃身長を求めた結果として、必然的に定まったものであった。またその全重3・9キログラムも、日本人の肩に発砲時の痛いショックがほとんどかからないようにして、あたかも射的遊戯のような冷静な狙撃ができるように配慮したものだった。弾丸をより遠くに正確に当てるために必要な長さであり、重さだったのである。

それなのに、どうして三十八年式歩兵銃を指して、「白兵戦重視の現われ」などと嘲弄できるのだろうか。

## 陸軍を41年間支えた実包

弓矢と違い、鉄砲の銃丸は拾い集められず、火薬や火縄は煙となって消えてしまう。この消耗物資を、敵よりも多く領内で生産させ、あるいは海外から輸入できた領主が、戦国時代に覇を唱えることができた。

西南戦争では、西洋の後装式ライフルを大々的に投入したことから、銃弾の発射速度が戊辰戦争以前とは桁違いに増えた。官軍がこの内戦に勝利するためには、連日数十万発の小銃実包を補給し、消費しなければならなかった。

日清戦争では、日本軍は単発の十八年式村田銃で、5連発のＧｅｗ８８に勝っている。後備師団に至っては、スナイドル銃で戦うつもりであった。

しかしロシア兵が相手ではそうもいかない。当然こちらも5連発の有坂銃をもって臨むとすれば、その弾薬消費量の見積もりを、予めしておくべきであった。これは、西南戦争の貴重な教訓だった。

有坂銃が6・5ミリという小口径を採用したことで、鉛資源と銅資源の節用が可能になった。

口径7・62ミリのロシアの1891年式ライフルが使用する実包は、全重が25・8g、うち、弾頭が13・7gである。

日露戦争では、案の定、一会戦での小銃弾の消費は数千万発にもなった。口径にして1・12ミリの差が、日本軍の弾薬補給をロシア軍に比してどれほど楽にしたか、計り知れないものがあった。

6・5ミリの三十年式小銃実包こそは、近代的な「大量生産戦争」のための武器・弾薬の設計法を理解して実践した、最初の日本オリジナル弾薬であったと私は認識している。この6・5ミリ小銃弾は、三八式小銃にも受け継がれる。シベリア出兵から満州事変、支那事変を経て対英米戦争まで、貧乏な日本陸軍が作戦を続けられた秘密は、有坂銃の口径6・5ミリの選択にあった。

三十年式歩兵銃は、この実包を、「挿弾子」という小さな板クリップを補助具にして、5発一度に弾倉内へこめられた。

弾倉は遊底の直下に非着脱式に設けられた尾槽式で、実包はその中に千鳥式に収まってゆく。連続射撃の途中、遊底を開けて、クリップを使わずに1発ずつ補充することも可能である。マンリッヒャーのパック式よりも洗練された、すぐれた方式といえた。

この方式の弾倉をいち早く採用した有名な外国銃はドイツのＧｅｗ１８９８である。が、同銃の量産は一九〇四年からでないと始まらない。だから、有坂がいったい何の銃を参考に、この最新式の固定弾倉を設計できたのかは、じつはよく分かっていない。

**開戦前夜**

明治三六（一九〇三）年二月、常備師団すべてに三十年式小銃と三十一年式野砲の支給が完了した。

同年の八月頃に東京砲兵工廠の見学を許されたドイツ人のフォン・ヤンソン中将は、同工廠が小銃を日産最大６００梃つくる能力があると欧文媒体にリポートし、それを『偕行社記事』も紹介している。

しかし開戦前夜の明治三七（一九〇四）年一月における実際の製造能力は、月に１万梃であった。ディスインフォメーション（偽情報）をかましたのだ。

けれども、東京砲兵工廠の小火器と小火器弾薬の生産や備蓄に余裕がなくて困っていたわけではない。まったくのところ、日本軍の小銃に関しては、ぬかりはなかった。

いよいよ開戦は目前と見えた頃、近衛師団長から、じつはウチの三十年式小銃は他の師団にさきがけて支給されているために、今ではガタが来たものが多いので、このさい全数交換支給してもらえないかとの申し出があった。動員準備でテンパっている省部の幕僚は、今になってそんな大事なことを急に言い出すとは何事かと激昂したが、兵器廠はあっさりとその我が儘なリクエストに応じることができた。

橋川学著『秘録陸軍裏面史（将軍荒木の七十年）』（昭和二九年刊）には、近衛後備歩兵連隊が動員されるとき、日清戦争中の古い銃しかなくて、その発條は腐食していた、とある。このような在庫品を交換するための方便だったかもしれない。

開戦前、三十年式小銃は、２５万梃余のストックがあった。

# 第4章　日露戦争

満州からのロシア軍撤兵をめぐる日露交渉は、明治三六（一九〇三）年の後半を通じて少しも進捗せず、日本の指導部は一二月には開戦を決意した。

そこで、大阪砲兵工廠（三十一年式野山砲とそれらの砲弾を一手に製作）と、東京砲兵工廠（三十年式小銃や各種小銃弾を担当）でも、ともに大増産体制に移行しようとしていた矢先、両工廠に対して、降って湧いたような指示が下達された。

それは、輜重《しちょう》車の改修命令であった。砲弾や小銃弾を輸送するために用いられる、2輪がついて馬で引っぱる輜重車を、陸軍常設師団の動員前に、すべて馭卒《ぎょそつ》が乗車しながら運行できる「乗馭式」のスタイルに改造せよ、というのである。

野砲兵部隊の砲車（すなわち大砲のこと）も馬6頭で引っ張ってゆくものだが、その駆卒は、左側先頭の馬の背に跨って、その位置から手綱を操る方式であった。いっぽう輜重車では、駆卒は馬にも車にも乗らず、徒歩のまま輓馬《ばんば》を統御するのが、世界の通例であった。

ところがこの指示は、それを郵便馬車か何かのように、駆卒が荷車上に設置された駆者台に腰掛けて運行できるよう直すことを求めていた。

一資料によれば、この至急注文の出どころは、陸軍省砲兵課長の山口勝大佐であったという。

有坂はこの相談を受けて、多事多忙の折、深く考えもせずに、その駆者台を設計したようだ。

まもなく、2つの砲兵工廠は、13個師団分＋αの輜重車への駆者台とりつけ作業に、ほとんどすべてのマン・アワーを割かねばならなくなった。終夜操業に切り替えられても、開戦までに間に合うかどうか危ぶまれた。

この作業のため最大の影響を蒙ったのは、それまでの受注残がより多かった大阪砲兵工廠である。ただでさえ準備量の足りていない砲弾の増産が、この肝心な時に遅らされることになった。

やがて改修の済んだ輜重車は、動員部隊とともに続々と朝鮮半島へ揚陸された。が、三月の満韓はちょうど凍土の融氷期にあたっていた。道路は一面の泥海と見分けがつかなかった。六月にも、雨期が訪れる。低地はすぐに洪水となり、泥道はたちまち馬の脚まで没するような土地なのであった。空荷の車でも進まなくなるのに、ましてそこに馭卒ひとり分、余計な軸重が加わる改造2輪輜重車などとんでもないと、現地においてこの馭者台を撤去してしまう部隊が相次いだ。開戦前夜数ヵ月の貴重な工廠の生産資源と、数百万円の改造費用とは、まったくのムダに終わったのである。

この輜重車は、正式には「三十六年式二輪輜重車」「同輜重馬具」というのであるが、部隊では誰もが「有坂車」と呼んだらしい。日本陸軍の制式兵器中、唯一兵隊たちが自主的に有坂成章の名前を冠した装備であった。

## ショウ・ダウン！

日露戦争に投入された日本軍の主力野砲（三十一年式速射野砲）と、ロシア軍の主力野砲（1900年式3インチ速射砲）を比較すれば、次のようになる。

| | 三十一年式（日本） | １９００年式（ロシア） |
|---|---|---|
| 制定 | 一八九八年 | 一九〇〇年 |
| 反動緩衝方式 | 砲車後座 | 砲身後坐 |
| 口径 | ７５ミリ | ７６・２ミリ |
| 砲車重量 | ９０８kg | １０２０kg |
| 発射用装薬 | ５２３g（無煙） | ８４０g（無煙） |
| 平均腔圧 | １９６０kg／㎠ | ２３００kg／㎠ |
| 弾丸重量 | ６kg（榴弾も同じ） | ７・４５kg（６・５kgとも） |
| 初速 | ４８７m／秒 | ５８６m／秒（５０８m／秒とも） |
| 最大仰角 | ２０度０４分<br>２８度（改修後） | １６度４０分<br>— |
| 方向射界 | なし | 左右各　２と３／４度 |
| 発射速度 | ３〜７発／分 | １０〜１５発／分 |
| 榴霰弾子 | １０・３g×２３４個 | １０・７g×２６０個 |
| 榴霰弾炸薬 | ９２g（管薬１７g含む） | ８１g |
| 榴弾炸薬 | ８００g（６００g） | 榴弾の用意無し |

| 最大射程 | | |
|---|---|---|
| | ６２００ｍ（着発／試射） | ８７５０ｍ（榴霰弾の着発試射） |
| | ５０００ｍ（曳火限度） | ５５００ｍ |
| | ４７７５ｍ（榴霰弾実用） | 不詳 |
| | ７６５０ｍ（砲架改修後） | — |
| | ７７５０ｍ（箭下掘土） | — |

ロシアの１９００年式3インチ速射砲は、一九〇一年の一〇月か、一〇月より少し前に、採用されたもののようである。イギリス風に表現すると「１２ポンド砲」に相当した。

『クロパトキン回顧録』によれば、ロシアはフランス製のショーモン、シュネデル、ドイツ製のクルップ、自国製のプチロフを比較したうえで国産と決定。一九〇〇年に１５００門を発注し、改良型を一九〇二年に追加発注した。テストとして一九〇〇年八月に近衛速射砲大隊第2中隊を極東に派遣。シナ人相手に4つの戦場で３８９発を撃ち、１日最大６８露里行軍できること、射程が１０００サーゼンに達することなど、その実用性を確認した。ただし、敵がいずれもすぐに逃げ散ったために、榴霰弾の散開パターンが実は不良であったことを見逃してしまったのだという。戦争中、ロシア軍砲兵のおよそ三分の一がこの最新の1900年式であった。新型の山砲としては1904年式があったが、開戦後に僅かな数が戦場に送られただけで、ほとんど活躍しなかった。

1900年式速射砲について、日本が三十一年式野砲を採用したのに対抗したのだ、と解説する資料を複数見るが、『クロパトキン回顧録』によれば、開戦時にシベリア砲兵中隊が速射砲化していなかったのであるから、これはありえない話だ。

なお、日露両砲の性能について、幾つかの証言も追記しておこう。田山花袋の『第二軍従征日記』によれば、大石橋で9000m離れた敵から砲撃されたが、弾はみなわが陣前3000mに落ちたという。南山で分捕った臼砲は8000～9000m届いたのに、「敵の速射砲は六千位しか届かん」とも書いてある。

また砲兵少佐の石井常造が明治四一年に刊行した『日露戦役余談』によれば、敵の7珊62速射砲弾を鴨緑江で発見し、信管分画130なので、そこから、最大射程5500m、着発としても6500mであることを知ったという。さらに明治三七年五月二七日に戦利砲をテストしたところ、信管躱避〔誤差?〕が大で、砲身の仰角が小さいときに仰起がはなはだしかった。輓索は日本の5倍も太い鋼索であった、等と言っている。この最後の証言は、ロシア軍の馬の体格が優っているために、野砲の設計にも余裕があったことを物語ろう。

## 初陣の功名は榴弾砲に

明治三七年二月、日本とロシアはついに戦争状態になる。

同月中に、「第一軍」を構成する近衛、第二、第一二の各師団に動員令が下り、先鋒の第一二師団が仁川に上陸。残りの第一軍主力は三月一一日に鎮南浦に上陸したが、三月一三日になって、速射野山砲用の榴弾の弾底信管に「支耳」の抗力が弱い不良品のあることが発見された。

本来、榴弾や破甲榴弾（海軍の徹甲弾に相当）を発射するのは、野戦重砲――国産150ミリ臼砲、クルップ製の149ミリ榴弾砲、国産120ミリ加農、クルップ製の120ミリ榴弾砲、同105ミリ加農、国産90ミリ臼砲――の役割である。さりながら、榴霰弾の発射を本旨としている口径75ミリの三十一年式野山砲用にも、小比率ながら榴弾は準備されていた。

その信管はとうぜん、榴霰弾の複働信管とは別の、弾底着発信管がついていた。

「支耳」とは、弾丸が大砲から飛び出す以前に不時爆発することを予防する、安全部

1900年式3インチ速射砲

品の一つだ。その抗力不足は、たとえば輸送中やハンドリング中、閉鎖機を開けて装塡中などの自爆、あるいは発射時の腔発や、砲口を飛び出した直後の過早破裂の危険につながるものである。

以前の七珊野山砲用の榴弾であれば、中味は小銃火薬が140g詰まっているにすぎなかったので、よしんば腔発事故を起こしたとしても、砲手には重大な被害は及ばなかった。しかし、猛性の黄色薬800gが万一砲身内で完爆を起こせば、大砲は百合の花のように裂け、多数の金属片が超音速で周囲に飛散することとなる。事故が輸送中や装塡直前に起これば、人馬の被害はもっと広範囲に及ぶ。

報告を受けた兵器行政当局は、一時は恐

日露戦争には間に合わなかった三八式十二センチ榴弾砲（写真は支那事変中のもの）

慌に陥った。そして鳩首協議の結果、既動員部隊の分は天佑にまかせるほかなしと決まった。まだ内地を出ていない部隊の弾薬だけは、大急ぎで大阪砲兵工廠に集めて再検査し、不良の信管を交換した。現地では、事故は起きなかった――と、陸軍省では纏《まと》めている。

四月三〇日から五月一日にかけ、ついに第一軍は鴨緑江を渡河し、九連城を占領する。このとき三十一年式野山砲は計102門が集結され、対岸の九連城の敵陣地を砲撃した。

が、この最初の砲戦の立役者は、数的にはたった20門にすぎないクルップ製の十二珊榴弾砲（野戦重砲連隊所属）であった。この20門だけで、全砲弾数の半分近くを発射している。設堡陣地に対する大落角の榴弾の効果は顕著であった。

九連城正面のロシア軍は、1900年式3インチ速射砲やその他の旧式砲を合わせて40門ほどで反撃したが、三十一年式速射野砲の75ミリ弾よりも遠くに届く120ミリ榴弾を浴びて、すべて沈黙させられてしまった。

## 南山での驚き

五月五日から一三日にかけ、第二軍（第一、第三、第四師団、砲兵第一旅団）が遼東半島に上陸した。そして五月二五日から、金州城および南山要塞の攻略にとりかかった。

この方面には、十二榴などの野重の増強はなかった。だから、三十一年式速射野砲のみ計198門をもって、真正面からロシア軍の48門の1900年式野砲を含む114門と、対決することになったのである。

彼我の新式野砲の性能差が、誰の目にもはっきりと判ったのは、この南山をめぐる戦いであった。

三十一年式野砲は、その榴霰弾が有効である射距離において、1900年式3インチ速射砲に対して1000m以上も劣っていることが分かった。（榴霰弾は射距離を伸

三十一年式速射砲

ばすほど束藁角《そくこう》の中心角度が地面に対して急になっていき、存速もなくなるので、効果を急減する。これに曳火信管の秒時のバラツキも加わる。）

しかし考えてみれば、１９００年式の方が、砲車重量は１００キログラムも重い。その余裕はとうぜん強度に反映され、より強装の推進薬を用いて低い弾道のまま遠くへ榴霰弾を投射できるのがあたりまえといえた。（繰り返すが、浅い落角で低空破裂しなければ榴霰弾の威力はない。）

そもそも日本陸軍が装備すべき野砲の運行砲車重量は、参謀本部が、日本国内や想定戦場（大陸）での地形、道路・橋梁の整備状況、それに馬格などを考えて決定していた。すなわち、設計重量の上限において初めからロシア側よりもハンデを負わされた有坂が、相手と互角の榴霰弾射程を実現できなかったからといって、有坂を非難する専門家はいないのである。しかし、こうした専門的技術的な背景は、陸軍上層の一部しか知るところではないので、現地の砲兵たちの不満はさすがに高まった。日本の野砲の専門家たちは、1900年式よりも軽量である三十一年式野砲の射程が短いことは事前に分かっていた。彼らにとって、南山で蓋を開けてみて最も意外であったのは、ロシア野砲の砲身駐退復座機構の性能が、予想以上に良好らしいことだった。

三十一年式速射野山砲の「砲車後座・復座」機構は、一八九〇年代以前の技術である。

これに対し、1900年式3インチ速射砲の砲身駐退復座機構は、フランスの1897年式75ミリ速射野砲以降の技術であった。それはシュナイダー直伝の空気シリンダー方式であるとも、あるいは液体駐退機とバネ復座機を組み合わせる独自の設計(クルップも同じ方式)だったともいわれている。ロシアにはエンゲルハルトという発明の才のある少将がいて、一八七七年、まだ鋼製砲のすべてをドイツに外注していた当時から、砲架と砲身の間に緩衝装置を挟む工夫をしていたというから、一九〇二年に独自の改良をなし遂げたとしても不思議ではなかろう。

旅順開城後に鹵獲されたロシアの「7珊半加農」には、復座機に、空気式と発条式の二つの方式が見られたとされる。駐退機はともに液体式であった。

いずれにせよ、ロシア製の1900年式は、いつのまにか、砲車の位置が寸分動かない、完成された砲身後座野砲に仕上げられていたというわけである（ただし使用条件によっては反動で軸がズレてしまって、前の諸元が使えなくなることもあったようだが）。

その有利なことははっきりしていた。野砲兵を、常に部隊単位で射撃統制できたのである。ロシア軍は、日本の野砲兵より2門多い8門からなる砲兵中隊を、しばしば3個まとめて運用するのが見られた。それに対し、日本はどうであったか。

開戦前に印行されているマニュアルから判断すると、日本の野砲兵も間接照準射撃（目標を直視できない稜線の背後などに放列布置し、観測所からの指示に従って次射弾を修正していく）の教育は受けていた。備品中にも「方向鈑」などの必要な器材はちゃんと備わっていた。

しかし現実には、砲車後座&復座式の三十一年式野砲には、間接部隊射撃は無理であった。なぜなら、砲車こそ自動的に元の位置に復帰はするものの、砲身の方位角は、すでに前弾の諸元とは、ずれてしまっているからである。実戦で、ある目標を迅速射、または急射しなければならないような場合、とても部隊単位の微修正などやっていられなくなっただろう。

おのずから日本軍の野山砲の戦闘は、各砲車ごとに、毎発、直接照準をつける方式を採らざるを得ない。（そのため照準手には、平時から特訓が施されていた。）もしひとたび部隊単位の射撃が始まれば、自他の砲車の着弾の識別は困難になり、あまり効果のない目算連射に陥って、甚だしく弾薬を浪費したと想像できる。

## 再び榴弾に助けられる

この不利に加えて、南山からは、ロシア軍の歩兵は、銃眼付き掩蓋陣地を野戦築城するようになった。

天井のある塹壕に籠られたのでは、どんな榴霰弾も効果はない。直撃弾によって天蓋を破壊できる、榴弾が必要であった。しかし陸軍指導部は、野戦砲兵には榴霰弾こそが必要だと考え、榴弾の準備は全野砲弾の1割もなかった（定数では、中隊段列＋砲兵弾薬縦列の合計392発のうち榴弾が56発で、榴霰弾との比率は6対1だったと、一九八〇年刊の『砲兵史』には見える）。

敵陣内が無傷では、味方の歩兵もなかなか前進することができない。

逆に射程の長い敵の野砲は、盛んにこちらの手の届かないところから榴霰弾を撃ち込んでくる。攻める方は暴露陣地である。日本軍部隊は打つ手に窮した。

そのうちにとうとう、あらかじめ砲兵隊が持ってきた弾薬が、底をつきかけてきた。先に鴨緑江の第一軍は、十二榴の威力のおかげで、予想よりはるかに少ない砲弾消費量で一会戦を制していた。それで陸軍省も参謀本部もホッとしていたのだが、南山の第二軍では、恐れていた砲弾不足が現実のものとなってしまった。

じつは日本の参謀本部は、砲弾消費量の見積もりを、開戦直前まで、普仏戦争を基準に考えていたといわれる。

後装式のスナイドル銃を導入したことで、西南戦争では小銃弾の消費量は桁違いに増えた。それで、今回は、小銃弾の準備だけは怠りがなかった。

ところがその一方で、同じ進化が、信管、弾頭、薬包、点火装置のすべてがバラバラだった七珊野山砲から、薬盤組み付け済みの弾頭と金属薬莢を装塡するだけでいい三十一年式速射野砲に切り替わったことによっても起こっていたことに、陸軍は無頓着に過ごしていたのだ。これは同じ後装式であって、革命的進化ではないと油断していたからだろうか。

結局、海軍艦艇がかけつけて、ロシア軍散兵壕への着発弾の雨を降らせてくれたおかげで、日本軍はやっとの思いで、南山要塞を占領した。五月二六日のことである。

## 陸海軍の信管の相違

この海軍の助太刀が奏効したのは、伊集院信管のおかげだと思われる。ふつう、海軍砲で陸地を撃つと、不発弾が続出するものなのである。

たとえば旅順のロシア軍は、12インチ海軍砲（炸薬は綿火薬）や「15拇砲」（艦砲）を地上防禦戦に転用したが、そこから発射した砲弾の弾底信管（仮製）が、柔らかい地面ではどうしても作動せず、不発ばかりであったと、調査報告されている。

陸軍の砲弾の信管の難しさも、ここにあった。撃ち出される初速は、加農（高い）、榴弾砲（中くらい）、野砲（中くらい）、山砲（低い）、臼砲（非常に低い）と数段階ある。目標に命中する勢いも、その初速に応じて変わる。目標の堅さ加減も、コンクリートから軟土まである。空中爆発モードも、海軍の大砲には無いものだ。それなのに、その信管は、できるだけ共通のものであることが求められたのである。

だから陸軍の信管は、小さな発射加速度でも確実に安全が解除され、小さな命中加速度でも確実に起爆すると同時に、大きな発射加速度でも絶対に腔発は起こさないものでなければならなかった。そんな巧妙精緻な装置を、なおかつ10万発単位で量産しなければならないのである。だからひとつの信管の完成には何年もの修正期間が必要なのであった。

しかし海軍の場合、砲種は例外なく加農であり、標的は常に鋼鉄である。つまり、発射加速度も命中加速度も変化の範囲が狭い。信管の安全と確実の両立を、すべての口径の砲弾に適応するのは比較的容易であった。その上に、軍艦の主砲弾は、一艦あたり数百発積んでおけば、いかなる大海戦の用にも足りた。必要ならば、信管を一個一個手作りで整備することも可能な数量だったのである。（露軍の野砲は奉天会戦のあいだじゅう、平均で毎日55発を発射し続け、ある砲などは1日で522発も撃った。これに対して戦艦『三笠』は、主砲命数が僅か120発。）

もちろん海軍の鋼製の徹甲弾は、弾殻の金質と工作を、陸軍の堅鉄弾（破甲榴弾）よりもはるかに高度なものにしなければならない。だが、信管のコンセプトは陸軍より単純であった。

海軍の有名な伊集院信管は、外国製信管の円心子（発射時のライフリングの加速度が加わってはじめて撃針をフリーにする安全装置）をきちんとコピーできていることが、セールスポイントだった。あとは、原始的な瞬発信管がついているだけだから、軍艦だろうが砂地だろうが、少しの命中加速度が加わっても爆発するように設定しておけば、木造艦や陸上砲撃にもそのまま使えたのである。起爆が完了するまでの時間は、厚くて高品質の弾殻が稼いでくれた。

## 有坂の出張視察報告

第二軍が南山の堅陣を抜いた五月二六日、東京では、有坂少将が、戦地視察のため出張を命じられていた。

任務は、第一軍および金州付近の部隊、地形、道路、車輌（輜重車・馬車・荷車）、馬匹、火器、弾薬、電信電話架橋器材、義州、九連城、金州の築城と備砲を実地に調査することである。すぐ復命したと思われるが、その日付は分からない。

しかし明治三七年六月七日、砲弾製造に官私工場を総動員することを決定したのは、有坂の帰着をまってからだろうと思われる。

この決定によって、東京砲兵工廠でも砲弾の製造を分担することになった。民間工場にも、まず75ミリ野山砲弾の信管の生産を委託する準備が始まった。

六月一八日には、おそらく第一軍が九連城方面で鹵獲したと思われるロシアの1900年式3インチ速射砲を、下志津原でテストしている。記録されてはいないが、これにも有坂が立ち合ったことは間違いない。

発射した砲弾は、やはり戦利品の榴霰弾×10発であった。

テストされた1900年式野砲は、「砲身は毎発自動的に復座し砲車全体は毫《ごう》も後座することなきを以て我野砲の如く之を復座せしむるの必要なく又弾丸と薬筒とは一体にして所謂《いわゆる》完全弾薬筒を為し」ていた。

榴霰弾の試射に必要な、複働信管の着発モードへの切り替えも良好であった。が、肝心の曳火機能は、不良だった。

着発試射レンジ4850m、曳火信管距離4600mで3発を撃ってみたところ、破裂高は、17m、47m、着発と、バラつきが出た。束藁の中心角が不明だが、47mの破裂高では過大である。効力が期待できるのは17mで破裂した1発だけであった。

次に、着発試射レンジ4850m、曳火信管距離4650mで2発を撃ったところ、着発1、破裂高7mが1となった。

見るべき工夫としては、弾丸には、遠弾・近弾の観測を容易にするために、爆煙の白さを増強するアンチモニーとマグネシウムの金属粉末が、最下層に入れてあった。しかし、発射の瞬間、その金属粉に弾子（硬鉛）が押し付けられて変形を生じ、また破裂弾子が束藁状をなさずに四散し、弾子の存速も低いことが判明した。

この弾丸が修正されない限り、1900年式を鹵獲砲として使う価値はないとの結論が得られ、関係者はひとまず安堵したのであった。（じっさいには後に「戦利野砲兵大隊」×2個が編成されるが。)

七月二〇日、寺内陸相は、大臣室で第一回の「兵器会議」を開いた。列席したのは、陸軍次官、軍務局長、砲兵課長、東京砲兵工廠提理、技術審査部長、兵器本廠長ほかで、大阪砲兵工廠提理には当時開設されたばかりの電話で連絡をとった。以後、毎週水曜の定例となる。

この会議の結果、二つの砲兵工廠は、今後はそれぞれ東日本、西日本を縄張りとし、下請け工場や工員の奪い合いをしないとの約束が交わされた。また、有坂は、低品質な屑鉄を溶かした「ズク」製の榴弾と、それに適した信管も、早急に設計することになった。そして、最も工数のかかる榴霰弾に関しては、とても国内での量産は需要を満たすことができないと的確にも判断し、これをクルップ社とアームストロング社、カイノック社(英国の弾薬メーカー)に45万発、外注することにした。到着は、明治三七年一二月から翌年三月となるはずであった。

三国干渉でロシアをそそのかしたドイツが日本の軍需に応ずるのは奇妙に見えるかもしれないが、ドイツとしては、ロシアが極東で疲弊してくれれば、ロシアの軍事同盟国フランスを後援する体力がなくなるゆえ、将来の対仏政策上、じつに有利なことであると胸算用するのは自然であった。

そのころ前線では、当初は悠々と曝露陣地に展開していたロシア軍の野砲兵隊が、大石橋（七月二五日に第二軍が占領）の戦闘以後は、稜線の後方などの遮蔽陣地に拠るようになっていた。砲身後座式で間接照準射撃が容易に実施できる優位点を活かし切る戦術転換であった。

### 旅順に巨砲を

乃木の第三軍（五月に新編）も、旅順港の周囲を取り囲む要塞群に対する攻撃準備を進めていた。野戦重砲連隊と、内地の海岸要塞部隊から抽出編成した機関砲隊が、第三軍の指揮下に入っていた。

すでに七月中旬に、大本営で陸海軍高級幕僚会議が開かれ、旅順攻略は一日もぐずぐずしてもらっては困るとの意志統一がなされていた。

しかし旅順の多大な出血は、もし海軍造兵界に気の利く軍人がいたなら、減らせたものなのである。仰角45度近くで山越えの射撃ができる30珊クラスの砲（短砲身でもよい）を、たとえば旧式特設艦に1門ずつでも搭載しておいたら、海軍が海側から岬越えの艦砲射撃を行なって、旅順艦隊を覆滅《ふくめつ》することは可能だった。（観測は駆逐艦または軽気球で行なわなければならないが、駆逐艦にはモールス無線機が、陸戦砲隊には有線電話も装備されていた。）旅順は、そもそも海軍の艦載砲が海戦しか考えておらず、あまりに仰角が制限されていたがために、陸上から歩兵で攻めねばならなくなったのである。

しかし開戦後になってそんなことを言ってもはじまらない。日本の全軍がその進捗如何と焦慮していた旅順攻撃は、明治三七年七月二六日から開始された。

激戦5日。しかし、重畳する旅順の永久陣地を第三軍が攻略できるのは、いつになるか分からぬ、と分かっただけだった。

この方面に増強されていた野戦重砲の最大口径は十五サンチであったが、コンクリート（陸軍は仏語でベトンと呼んでいた）や鉄製の天蓋に対する貫通力が足りなかった。旅順の1・3m厚のベトンを割るには、直径22センチ以上の大砲が必要だと算出された。有坂少将は、速やかに移動展開でき、45度以上の仰角をかけることができる（すなわち山越えの射撃ができる）最大の海岸重砲として、あの二十八珊榴弾砲を内地の要塞地帯から撤去して、旅順に運ぶことを、山縣有朋総参謀長（元帥）に提案した。

もう30年近くも前から、日本の海岸要塞防禦について最も心を砕き、予算を捻出し、実現したのは、山縣その人である。

その二十八榴をロシアとの戦争中に撤去しようとするのにあたって、まず誰よりも山縣の許可を求めるのは当然であった。そして、最初の発案者は誰であれ、その進言役は、二十八榴の量産と配備を最も強く説き、グリローおよび二十八榴の代弁人とも見られていた、有坂成章でなければならなかったろう。

二十八珊榴弾砲

有坂だけが、二十八榴を撤去しても日本の海岸防禦は十全を保てることを山縣に理詰めで説明できた。

有坂だけが、二十八榴の東京湾要塞への搬入と据付のすべての作業を現場で監督し、精通していた。

そして有坂だけが、現地で急速造成の可能なコンクリート製インスタント砲床を、自ら案出して施工計画を立てることができた。

『寺内正毅日記』によれば、第一回攻撃が失敗に終わった八月二五日午前、陸相寺内は有坂を招いた。有坂は「大口径砲」の送付につき寺内の質問に答えた。翌二六日午前八時から、有坂は陸軍省幹部を前に二十八珊榴弾砲の内地要塞（東京湾および由良）からの撤去と旅順での使用について説明し、その建言は寺内によって採用された。

同時に有坂は、東大でコンクリート工学をドイツ人教官から学んでいる工兵大尉の横田穣を「第三臨時築城団備砲班長」として旅順に送り込み、砲床工事を担当指揮させた。（これには後日談がある。講和後に横田の手記が『偕行社記事』に載ったのだが、なぜか最初の砲撃開始の時点で、話が終わっているのだ。これは講和直後の陸軍中枢のエリート・グループにとって都合の悪い、あるいは児玉その他が偉くないように見えてしまう内容であったために、編集カットされた疑いがある。横田は明治四〇年に４２歳で予備役編入されてしまったので、有坂が日出生台演習場の森林管理人に任命して、造林家になった。ちなみに昭和になって、二十八糎榴弾砲用の移動組立式木材砲床が考案された。）

専用のクレーンがないため、重量物運搬に定評があった民間の「竹内組」が雇われた。

陸軍が、東京湾、由良、下関などの海岸要塞の弾薬庫から鉄道で移送させた二千数百発の二十八珊砲弾について細かな指示を出している陸軍省の電報綴が「アジア歴史資料センター」でデジタル化されており、インターネットで読むことができる。それによれば、炸薬の黒色火薬は充填したまま送られたが、弾底信管は取り外して、大阪砲兵工廠で延期遅発機能を無効化する修正を施した後、大連湾へ海送していたことが分かる。ここから推測するに、有坂には当初から旅順港内の軍艦を撃沈したいという目的意識はなく、ひとえに、二龍山や東鶏冠山北堡塁などのコンクリート天蓋陣地内の敵兵員を、裏面剥離の破片飛散効果（スポーリング）によって制圧しようと考えていたのかもしれない。（瞬発信管でも弾底信管であるから、起爆までに砲弾はある程度侵徹する。また、浄法寺朝美によれば、厚さ60センチのコンクリートの下に居たコンドラチェンコ少将は、二十八珊砲弾の命中で戦死したという。）

最初の6門が旅順に到着したのは九月一四日で、並行して準備工事が進められていた砲台に配備された。九月二六日にはそれは12門に増えており、総攻撃が発起された一〇月三〇日には18門が火を吹いた。

しかし、二十八珊榴弾の中味の炸薬は、黒色火薬が9・5キログラムなのであった。これは、金州～南山で著効を発揮したクルップ製十二珊榴弾砲弾のピクリン酸1・3キログラムの爆発景況よりは派手であったに違いないけれども、同じく陸軍が保有し旅順攻囲軍にも加えているクルップ製十五珊榴弾砲弾のピクリン酸2・6キログラムとは、（射程と侵徹力において有意味な差はあろうが）近似した爆発力だったかもしれない。そしてたぶん、支那事変に投入した十五糎榴弾砲から高初速で城壁に対して撃ち込まれたスチール弾殻入りのTNT炸薬7キログラムよりは、いくぶん見劣りする威力だったかもしれない。ところが現地の幕僚は、重砲のベトン陣地に対する効果を勉強していなかったものだから、この二十八珊榴弾のつるべ撃ちで、旅順要塞の防護壁もすべて崩落させられるのではないかと勝手に思い込み、楽観してしまった。

こうして、二十八珊榴弾砲を投入したにもかかわらず、第二次総攻撃は失敗してしまう。ようやく一一月二七日、攻撃の焦点を二〇三高地に指向し、野砲180門と重砲206門（海軍の陸戦砲や鹵獲砲も含む）を集中した結果、一二月五日に同高地は占領された。

二〇三高地を観測所とし、続いて港内の軍艦を狙って二十八珊榴弾砲を撃ち込んだ結果、ロシア守備軍は軍艦のキングストン弁を開いて弾火薬庫内に海水を入れ、着底させる非常措置を講じた。しかしその結果、これ以上旅順軍港を死守し続ける意義も消失したので、司令官のステッセルは明治三八年一月二日に開城を決心した。

二〇三高地の観測員には、露艦の主だったものは、爆沈ではなく自沈したように見えた。しかし果たして真相がどうなのかは、着底した軍艦を引き揚げて日本まで曳航し、調査をしてからでないと何も言えなかった。とりあえず、旅順のロシア太平洋艦隊は、陸側からの砲撃によってことごとく沈められたと、新聞は伝えた。

## 合理化の先駆「銑製《せんせい》榴弾」

南満州平野では、日露両軍ともに砲弾不足に悩まされていた。

明治三七年の八月二八日から九月四日にかけて遼陽会戦が生起したが、ロシア軍の退却要因も、砲弾不足であった。

再び砲弾準備量が回復するのをまって、一〇月一六日に沙河会戦が起きた。しかしロシア軍砲兵は、この会戦中にストックを撃ち尽くし、シベリア鉄道で欧州から運ばれてくる弾薬を待つ状況となった。

日本軍側の台所の苦しさもそれ以上だった。苦戦を続けている旅順の第三軍のために、内地では野戦用の榴霰弾よりも、各種野戦砲用の榴弾を傾斜生産していた。そして製造された砲弾の大半を、旅順方面に補給しなければならなかった。

このため、国力が尽きる前に北方戦線で決戦を急ぎたいのに、日本軍は一〇月から沙河で長い対陣に入らざるを得なくなった。旅順が陥落しないうちは、満州の野戦軍に砲弾が回ってくることはなさそうだった。

内地でも、この事態を傍観していたわけではない。

先に寺内から銑鉄（ズク）製の戦時量産榴弾の設計を命ぜられていた技術審査部長の有坂は、三七年七月中に、三十一年式野山砲用の「銑製榴弾」を創製していた。この戦時規格の新しい砲弾は、砲弾不足の解消と、射程延伸効果の一石二鳥を狙ったものであった。

榴霰弾は射距離が大になるにつれ、その威力が衰えてしまう。したがって、着発ならば６２００ｍまで届くのに、曳火射撃である程度の殺傷効果が期待できるのは、せいぜい４２００ｍまでであった。７５ミリの榴霰弾で最大に威力を発揮しようとすれば、三十一年式野砲は、敵に１５００ｍぐらいまで接近して射撃する必要があった。だが榴弾の着発効果ならば、射距離には関係がない。だから、１８秒複働信管の限度である約５０００ｍ以遠にいる目標に対しても、攻撃ができるのだ。

さらにこの銑製砲弾の新工夫は、弾殻を、蛋《たん》形部（傘）と円鑄《とう》部（筒）の二部に区分して、両者を螺によって結合するようにしたことである。前者を仕上げるには、旋盤のオクリを変えながらアールを出す必要がある。しかし後者は、一定オクリの切削でいい。有坂は、これを二つの単能工程に分けた。それにより、比較的能力のある町工場には蛋形部を、能力のない町工場には円鑄部を発注して、それぞれ能力に応じて民間活力を動員しようとしたのである。有坂以前にこんな分業に頭を使った日本人はいなかった。

さらに、弾殼を二個の部分に分離したことの利点は、信管を内部に完全に埋め込んでしまえることであった。それにより、信管からネジ切り工程を省略し得たのである。榴弾の信管は、本来なら弾底信管とすべきであろう。しかし、それでは、弾殼と信管の双方に、厳格な公差の螺を切らないと、腔発する恐れがあった。まだ尺貫法が通用していた当時の日本の民間工場に、そんな公差を期待するのは無理だった。だいいち、螺切り旋盤そのものが、民間ではごく一部の時計工場にしかなかった。

信管は、砲弾の数だけ入り用だ。その信管の工程数が、弾殼の何倍もある。砲弾を大量に供給するための隘路《あいろ》は、まさに信管にあった。

有坂は、民間工場の普通旋盤だけで簡単に仕上げられる黄銅鋳物を信管体とし、さらにその内部にも、活字鋳造機でつくれる白色鍍金の活機加量筒（一定以上の弾着インパクトに応じて撃針が雷管を衝くことを許す部品）を組み込んだ。活字鋳造機が、東京周辺の町工場に比較的広く普及していることに着目したのである。

これで、砲弾の弾底に穿孔して雌螺を切る必要もなくなった。有坂の信管は「新式弾頭信管」と命名され、明治三七年一〇月に最初の形ができた。沙河の対陣が始まる頃だ。

つづいて有坂は、さらに工程を簡素化するため、この銑製榴弾の弾殻に、熱して溶かした黄色薬を直接溶注することをも提案している。しかし、これは、冷えて凝固した後が自爆しやすい危険な状態になる、と専門家から指摘され、採用にはならなかった。黄色薬(ピクリン酸)の欠点は、鉄や銅などと接触すると、衝撃に非常に敏感な化合物を生じてしまうことで、このため、砲弾の内側には必ず漆を塗り、炸薬は紙や布で包んで填実していた。

この銑製榴弾は、明治三七年一二月以降、大陸に補給できるようになった。また一〇月からは、欧州に発注していた榴霰弾も到着し始めた。そして旅順は一月二日に開城された。

ようやく北方軍は、明治三八年一月二六日〜二九日、奉天の前哨戦である黒溝台の戦いに臨むことができた。

**砲架の改修**

銑製榴弾は、三十一年式野砲の射程ポテンシャルを最大限に引き出す一つの解答であった。

が、それでも依然、三十一年式野砲は、ロシア軍の1900年式3インチ速射砲の榴霰弾射程を上回るまでには至らなかった。

そこで、野砲そのものを改造して射程ポテンシャルを増し、それと銑製榴弾を組み合わせることで、ロシア軍野砲兵に撃ち負けぬようにする算段も追求されることになった。

具体的には、もともと20度までしかとれなかった三十一年式野砲の砲身仰角を、28度までとれるようにすることである。榴霰弾と違い、榴弾は、落角が大きくなっても何の不都合もないからだ。

本当は30度以上までも仰角をかけたいところであるが、そこまですると、設計当初の砲架の強度計算がご破算になってしまう。もともと平射砲で、反動を水平に受け流す構造になっている野砲の砲架は、仰角がわずかでも増すことには耐えにくいのであった。さりとて砲架を強化すれば、こんどは行軍で引っ張る馬の体力がもたなくなる。後の「改造三八式野砲」は、やはり射角を増そうとして砲架をいじったため重量過大となり、支那事変の初期には歩兵師団の行軍速度に合わせるために斃死馬が続出している。

このような制約はおそらく承知で、明治三七年一〇月、ともかく1門の三十一年式野砲の砲架を実際に用い、榴弾の到達距離を7000mまで延ばす修正（改造）作業が命じられた。7000mの射距離は、とうぜん野砲榴霰弾の及ばない遠距離となる。
早くも一一月には、射距離増加に必要な部品の量産が大阪砲兵工廠に命じられた。同時に戦地にも大阪砲兵工廠から職工が派遣されて、現地の516門の三十一年式野砲をその場で直すことになった。(工廠の職制では、「技手」の下が「工長」、その下が「職工」。)

職工の修理班は、まだ沙河対陣中である一一月二〇日に現地入りした。彼らは、砲架を修正し、大射角を可能にするとともに、砲身に「弧形照準機」を装するための「遠距離履板」を取り付けた。

これによって、榴弾(銑製榴弾)ならば、7000m以上まで届かせることができるようになった。

また、厚さ3~3・2ミリ、重さ15キログラムの鋼板を、防楯として装着することになった。最大射距離が伸ばされても、三十一年式野砲が直接照準火砲であることに変わりはなく、日本の野砲兵は常に敵に自らの位置を暴露して撃ち合う他にない。陣地工事をしようにも、満州は地面が岩質で、掘土・土盛などできなかった。やむなく日本軍砲兵隊は、石塀や土壁のある満州の村落内に放列布置することで、ロシア軍の榴霰弾から身を守る必要があった(着発モードの榴霰弾でも、弾殻の薄さのために家屋を貫くことはなかったという)。

敵の榴霰弾は真上や後方から降ってくることはなく、斜め上前方から横殴りに飛んでくる。だから前方に楯が付いただけで、野砲兵（特に照準手）は榴霰弾から完全に守られ、村落に拘泥をせずに自由に陣地を選べるようになった。この鋼板の防弾力は、すでに明治三七年二月に野戦砲兵射撃学校において実験済みのものであった。

明治三八年一月下旬までに、野砲の一連の修正は、なんとか完了した。

一月二日に旅順が開城されたことで、両砲兵工廠の弾薬製造能力は、攻城用の破甲榴弾ではなく野戦用の弾薬に集中できることとなった。もちろん、弾薬補給の流れも旅順からいっせいに北方野戦軍の方に転じられ、奉天会戦の準備が整った。

## 奉天会戦

銑製榴弾は明治三七年一〇月以降生産が開始されたが、例によって信管の不具合が最初から皆無ということはありえない。安全ならんと欲すれば不発になり、不発を防がんとすれば腔発や過早発が起こりやすくなる。野砲と山砲という、発射加速度や終速の異なる二種の大砲がまったく同一の弾丸を使用しなければならないためにつきまとう、いつもながらの苦心であった。

一二月、有坂は、寒風吹き渡る伊良湖射場で、自分の信管の改善試験を続けていた。と、そこに東京から飛電がもたらされた。天皇が有坂のために蒔絵の手函を下し賜うたと、有坂は知らされた。

「新式弾頭信管」は、あるていど不具合がとりのぞかれて、明治三八年一月に仮制定にこぎつけた。既に大陸に送られている信管については、明治三七年の一二月二四日から二七日にかけ、現地改修指導が行なわれた。

ところが、黒溝台の戦闘（明治三八年一月二四日〜二九日）に勝利して、次はいよいよ奉天だという二月二〇日、満州軍総司令官大山巌は、各軍司令を前にした訓示の中で、ロシア軍捕虜のなかに日本軍の砲弾による負傷者がほとんど見られぬという事実を伝えた。さらに二月二五日には、新式弾頭信管が半数以上の不発を起こす、とのクレームが、前線から内地に届けられたのである。

調べてみたところ、着弾により信管は作動している。ところが、肝心の炸薬（黄色薬）に、伝爆が起こっていないのであった。

信管の改修は平時でも難しい。時間を重視した有坂は、信管自体はいじらずに、信管の伝爆力を高める解法を探した。そして、弾頭部に埋め込まれた信管と、袋入りの黄色薬との間に、雷汞《らいこう》という極めて衝撃に敏感で爆速も高い爆薬を小袋に入れて挿入するという荒技を用いることに意を決した。さっそく自ら下志津原で実験をしてその著効を確かめた有坂は、改修方針として策定。これを「副雷汞」と名付けた。

東京砲兵工廠では、至急この「副雷汞」を増設した砲弾を大連に向け送り出すとともに、技術審査部からは将校２名が、兵器本廠大連支部に派遣され、現地でも装置せしめた。この作業は三月九日から四月一七日まで、大車輪で行なわれた。

しかし、奉天会戦は二月二七日に始まって三月一五日に決着する。以後、日本陸軍には、二度と満州での決戦の機会は訪れない。副雷汞装着の弾丸は、日露戦争には間に合わなかったのである。

### さんざんだった有坂砲

三十一年式野山砲は、日露戦争の勝利に貢献したのだろうか？　それとも、歩兵部隊の足を引っ張り、むしろ日本を危うく敗北させるところだったのだろうか。

有坂の銑製榴弾は不発がちであったが、何割かは爆発した。が、まずいことに、銑製榴弾はたとえちゃんと着発した場合でも効力が少ないことが、実戦中に観測されたのである。たとえば、敵騎兵集団の真ん中に落ちて盛大に炸裂しているのに、ロシア軍の人馬は逃げ散るだけでまったく倒れる様子がなかった。

これは、銑製榴弾の弾殻材質と黄色薬とのミスマッチが原因だった。質の悪い鋳物である銑製榴弾は、弾殻に粘りがなかった。かたや、黄色薬は超高速の爆速をもつ猛性の炸薬である。そのため、爆発とともに、弾殻は瞬時に粉状になってしまったらしい。有効な殺傷威力をもった適当な重さの破片が形成されないため、至近距離で爆発しなければ、人馬に対して効果がなかったのであった。(適当な破片とはどんなものかに関する具体的データは発見できないが、参考までに七珊野砲の榴弾の例をあげれば、約30gの破片を130個生じたという。)

また、期待された塹壕を破壊する力も、黄色薬600gでは、せいぜい40センチほどの深さの漏斗口がえぐられるだけであった。

以上の事実は、ローズベルト調停が本決まりとなり、ポーツマス会談が行なわれる直前の七月二一日に、現地で第三軍が副雷汞装着の砲弾を使って実験、確認もされた。

三十一年式野砲は、命中率が悪く、時間あたり発射可能弾数が少なかった。榴霰弾の射程は短く、それ以遠では榴弾が不発がちで、しかも破裂しても威力は弱かったのだった。

ロシア軍の野砲には、ほとんど榴弾が用意されていなかった。またロシア製の榴霰弾は——少なくとも緒戦での鹵獲品は——放出された弾子が正しく前方に向かわない欠陥品であった。

しかし1900年式3インチ速射砲の発射速度は三十一年式速射野砲の2倍あり、ロシア軍野砲兵は間接照準の技術でも上回り、かつまた、低空で破裂すれば欠陥品なりに危害を及ぼす榴霰弾の準備数は十二分であって、その榴霰弾の撃ち合いでは依然日本側を1000m以上アウトレンジしていた。

ではどうして日本軍は満州の野戦で勝つことができたのであろうか。いや、奉天まで、敗北を、免れることができたのだろうか？

それは、有坂が野山砲の開発の合間に、たった3ヵ月間で図面を引いた三十年式歩兵銃の性能が、ロシア兵が手にした1891年式歩兵銃を、命中率の点で圧倒したからに他ならない。

### ライフルこそ野戦の勝因

東京砲兵工廠が製造していた小銃および小銃弾には、日露戦争中に清国に対して新品の三十年式小銃の輸出を行なうほどに余裕があった。

沙河対陣中の明治三七年一一月上旬には、後備第一師団と「第二次後備諸隊」の村田連発銃を、三十年式小銃ですっかり交換した。

そして奉天戦に日本軍が集結させた小銃は19万梃近いが、うち17万梃以上が、三十年式歩兵銃であった。

ただし、それでも工兵は5人に1人しか火器は持たなかったといわれ、また、内地の留守部隊（国民兵）と戦地の輸卒に与えられていたのは、相変わらず十八年式村田銃であった。後者の場合は、11ミリ弾の弾薬ストックを活かすためというよりは、輸卒が高性能火器を所持することを陸軍が積極的に嫌ったのがその理由としか思われない。彼らを江戸時代の馬喰《ばくろう》や雲助と同一視する意識は、明治時代を通じて存在したのだ。

さて、奉天会戦における日露両軍の主力歩兵銃を比べると、射距離500mでの「最高弾道点」は、三十年式歩兵銃が1・20m、ロシアの1891年式歩兵銃は1・45mであった。日本軍は銃弾の低伸性、すなわち命中確率で、勝っていたことが分かるだろう。

参考までに、ドイツ軍の最新型である1898式ライフルから1898式蛋形弾を発射した場合の500mでの最高弾道点は1・5m。有坂銃は、日露戦争の時点においては、文字通り世界一「ハズレ」の出ない銃であった。

有坂銃に先行する6・5ミリ銃で、有坂が当然参考にしたであろうイタリア軍の1

マキシム機関砲

８９１年式小銃は、小口径弾のメリットを活かしきっていなかった。射距離５００ｍでの最高弾道点が、２・０１ｍにもなっていたのである。つまり、弾道の途中で敵歩兵の頭を飛び越えてしまう。だからもし、有坂がイタリア小銃など外国製品の単純なコピーやコンピレーションをしていたなら、日露戦争は野砲でも小銃でも日本の惨敗となっていたことは十分に考えられる。

有坂は、イタリアの６・５ミリ弾よりも装薬を０・１２ｇ増やした。また、イタリアの６・５ミリ小銃よりも銃身を１０センチ長くした。この「贅沢」を敢えてしたことによって、無煙火薬の燃焼ガスの膨脹がそれだけ銃弾を加速できることになり、有坂銃は弾道特性でロシア軍の７・６２ミリ小銃を凌げることになったのである。

貫通力でも、たとえば明治二九年の一二月と明治三〇年の六月に実施した比較テストでは、有坂銃の６・５ミリ弾は、スペイン軍制式の７・０ミリ弾を上回った。

以上の考察を敷衍してみると、おそらく、鴨緑江以降の南満州平野における野戦は、次のような共通の経過があったのではあるまいか。

——まず、彼我の野戦軍が互いに５０００ｍ以上離れて対峙しているときには、ロシア側の野砲弾（榴霰弾）だけが届くものの、その威力は弱く、どちらもほとんど損害を受けることはない。

間合いが詰まって４０００ｍになると、日本軍の三十一年式野砲の正規の榴霰弾の威力が現われはじめる。

そして砲兵の間合いはこれ以上は詰まらない。というのも、距離がもっと近くなれば、敵の騎兵が数分以内に襲撃してくる恐れが生ずるからである。山砲はともかく、野砲は、どんなに接近しても敵部隊から１２００ｍ以上の間合いを保たなければ危険だった。したがって、機関砲が効果を発揮しはじめる１５００ｍまで近付く前に、砲兵は陣地をより後方に変換して間合いを開けたことであろう。

距離２０００ｍから、小銃がよく当たり始める４００ｍまでの地帯は、ロシア軍の７・６２ミリ・マキシム機関砲とわが６・５ミリ・ホチキス機関砲（使用弾は三十年

6・5ミリ・ホチキス機関砲

式小銃弾）が撃ち合いに加わる。しかしベルト給弾ではなかった保式（ホチキス）機関砲の発射速度は低かったから、マキシム機関砲に対抗するのも、主としてわが三十一年式野山砲の後方からの支援射撃であったろう。幸いなことに、後半の野戦におけるマキシム機関砲の数は、味方の保式に比べて劣勢であった。

さらに歩兵が間合いを詰め、距離４００ｍ以内に入る。

すると、俄然、三十年式歩兵銃と保式機関砲から発射される三十年式６・５ミリ小銃弾の低伸性がモノをいいはじめる。恐れを知らぬロシア歩兵も、白兵距離まで近付くことをためらわずにはいられない。

ましてや地上からの高さが２ｍ以上になるロシア軍の騎兵部隊は、歩兵よりもさらに遠まきに、日本軍の歩兵部隊を見ているしかなかった——。

あれほど恐れていたコサックに、日本軍の歩兵部隊は少しも接近を許さなかった。逆に日本軍は、歩兵のライフルの阻止力に信頼して、予備隊を残さずに横一線にひろがって、じりじりとロシア野戦軍を圧迫することが可能であった。

日露戦争までは、確かに「ロスの騎兵！」「方陣作れ！」という歩兵の号令があったのである。が、役後、この号令は消えた。

白兵戦は、野戦では例外的であった。遼陽では、日本軍の負傷兵のうち、白兵創の割合は0・7％だったという。奉天では、その割合はもっと低かったであろう。

日露戦争は、有坂銃で勝ったのである。

**奉天後日談**

奉天では、三十年式小銃実包（保式機関砲も共有）は2000万発が射耗された。戦争全期間では、約1億発の小銃弾を、日本軍は発射した。

しかし、世界一省資源な設計となっている三十年式小銃実包の補給は、奉天でも、その前の旅順でも、またこの戦争の全期間を通じて、一度も不安な状態になったことはなかった。小銃実包の生産ラインは、砲弾と違って半オートメ化されていた。たとえば装薬の充塡と弾頭のはめ込みは同時に行なわれたのであった。

それに対して日本軍が撃つ砲弾の方は、ほぼ一会戦ごとに枯渇してしまうありさまであった。奉天では、野山砲弾２８万発が発射されたが、このような会戦をもう一回繰り返せば、砲兵部隊用の弾薬庫は、内外ともに空っぽになるはずだった。

奉天会戦初期のロシア側の砲弾蓄積は、全砲種合わせて３４万発だったといわれる。さらに明治三七年一〇月から翌年一月までの４ヵ月間に、計２０万発の追加補給が、シベリア鉄道を用いてなされた。が、そのうちどれくらいが野砲弾だったのかは不明だ。

ロシア軍の小銃弾は、『日露戦争ニ於ケル露軍ノ後方勤務』によると、開戦時に極東全体で定数に２８００万発不足があり、生産を１・５倍に上げたがなお足りないので、一九〇五年春に、ドイツの小銃弾薬製造会社、オーストリアのギルテンベルグ工場、ハンガリーのマンフレッド・ウェイス商会に発注をしているという。それ以上の詳細はわからない。

この戦争に投入された有坂砲は、日本は計６３６門。ロシアの同格の速射野砲は５４６門であった。

# 第5章　砲術家の死

明治三八年五月二八日、日本海で、日露両海軍の海上決戦が、日本側に望ましい形で決着した。

この報により、もう内地の工廠および工場では国内海岸要塞用の砲弾もつくる必要はなくなったと判断され、（旅順要塞はとっくに陥落しているから）爾後は挙げて満州軍のために野砲弾を生産することになった。

ところが、四月末にはまだやる気を見せていたロシア陸軍は、五月下旬には鳴りをひそめてしまった。やがて六月一〇日にローズベルト調停が始まると、前線でも、その成行きを待つ空気となった。

調停が成るか成らぬかは予断を許さないので、前線では内地からの手紙の配達が禁ぜられ、野砲兵部隊はさらに技量を錬成すべく、この期間を利用して射撃演習にいそしんだ。津野田是重の『軍服の聖者』によれば、第三軍の砲兵旅団は特訓の結果、１分間に２０発を発射できるようになったという。（第一次大戦の仏軍主力の１８９７年式７５ミリ野砲が、毎分２０発の連射を合理的に可能としていたが、断隔螺式閉鎖機の野砲としては、これは曲芸に近いだろう。）

例の、有坂が不発防止対策として「副雷汞」を信管と炸薬の間に挟んだ銑製榴弾は、このときにはじめて大々的に消費されることとなった。

ところが、それが射撃演習中、頻繁に、腔発または過早破裂を起こしたのである。

この種の事故は、巻き込まれた将兵の出身地への聞こえが良くないので、公式には戦死として処理されたのであろう。事故が何件起き、何人の死傷者が出たのかを、今日知る手掛かりはない。

六月に、陸相の寺内は、関係部局に原因の徹底究明を訓令した。その文章に云う。

「……由来人情の常弊として関係当局者に対する情宜的顧慮より満腹の意志を吐露するを躊躇するの傾向あり。戦術の研究に於ては此恨事なきも技術の方面に在りては未だ此弊を脱せざるが如し……」

有坂は、針の筵《むしろ》に座らされた。

寺内に対する中間報告は、七月に提出されている。それは大略次のように結論していた。

——銑製榴弾の現在品に不良品が多いのは、戦地では工作状態のよさそうなものだけを選んで発射し、外観の悪いものは事故を懸念して敢えて余らせているためだろう。しかし量が多数であり、国家の現状として戦時濫造銑製榴弾も廃棄はできない、と。

明治三八年九月、ポーツマスでの講和交渉妥結により、日露戦争は終わった。

だが、有坂成章の日露戦争は、まだ終わってくれなかった。

## 三八式歩兵銃と三八式騎兵銃

ここで話を、日露開戦を目前にした明治三六年六月まで戻す。

三十年式小銃の量産立ち上げから、支給部隊に対する教育行脚まで熱心にこなしていた砲兵大尉・南部麒次郎は、同小銃の尾筒部の部品が小さく脆《もろ》いのを問題と見、これをすっかり単純化した試製銃の採用方を上申した。

日本がロシアに宣戦して1ヵ月半が過ぎた明治三七年三月、陸軍大臣寺内正毅は、とりあえず試験に供するため、その試製銃を製作してみるようにと、東京砲兵工廠提理の西村精一に通牒した。これが、のちに「三十八年式歩兵銃」、通称「サンパチ式」と呼ばれるようになる小銃のプロトタイプであった。

このときの関係文書の中に「尾筒遊底部修正の三十年式銃」とある。三十八年式歩兵銃は、まぎれもなく「三十年式歩兵銃・改」だった。

かつて村田経芳は、十三年式村田銃を自分自身で少しずつ改修して、十八年式村田銃として熟成させたが、これを二代で分業したようなものであろう。

南部の試製銃は、技術審査部のテストに回され、同部長の有坂は、その機構が単純であって、かつて自分が設計した三十年式よりも優れていることを賞揚した。

陸軍省は、四月に、この銃を2万梃つくるよう令達。そのさい、弾道的性能、射撃速度、重量等は、現制式（三十年式）と差異がないことが、改めて確認されている。

日露講和をうけて、明治三八年一〇月、今後製造される三十年式歩兵銃／騎兵銃は、すべて南部式により製作することに決まった。

そして明治三九（一九〇六）年五月五日、三十八年式歩兵銃と三十八年式騎兵銃が同時に制式制定された。

同月二六日、陸軍省は、兵器本廠在庫の三十年式歩兵銃×3万梃、三十年式騎兵銃×2000梃をそれぞれ三八式に「改修」せよと令達し、東京砲兵工廠へも通牒している。三十年式小銃と三十八年式小銃（の初期生産型）は、機関部だけを交換するこ

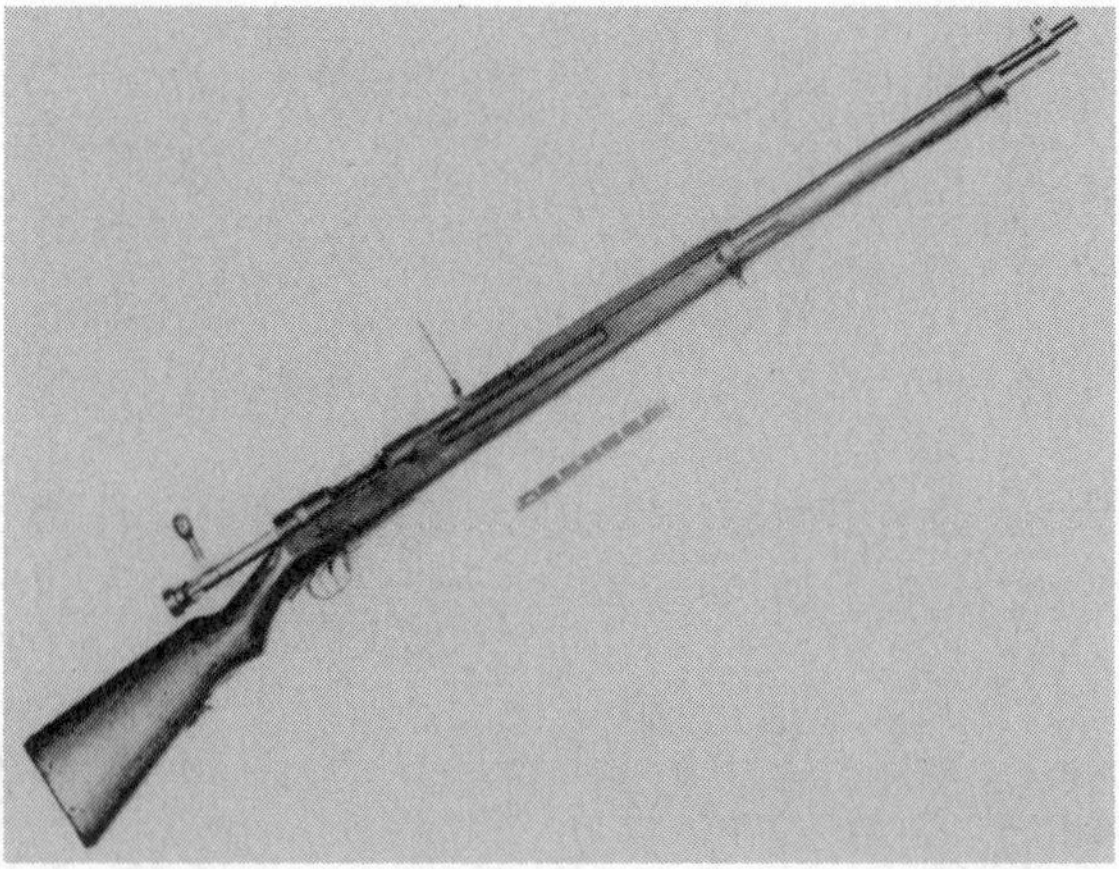

三十八年式歩兵銃

とができたのである。

この年に東京砲兵工廠は、小銃製造用のガンバレル・ドリリングマシンを池貝製作所に発注するなどし、三八式歩兵銃の生産を開始する。

のちの三十八年式小銃実包の薬莢に用いられた黄銅板の素材は、銅67、亜鉛33の配合比率で鋳造され、不純物が100分の2以下でなくてはならなかった。黄銅（真鍮）は常温で圧延・圧搾すると加工硬化をおこし、延伸性を失ってしまうので、650℃に加熱徐冷する軟化工程が必要であった。これは、石炭の燃焼ガスと隔離できるＭｕｆｆｌｅ Ｆｕｒｎａｃｅ（烙炉）でおこなった。酸化層は、希硫酸に浸けて清水で流し落とした。弾丸の白銅被甲

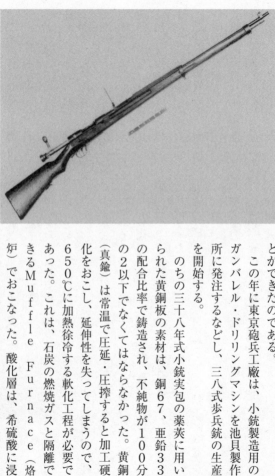

は、銅80、ニッケル20の配合だった。鉛身は、95%の鉛にアンチモンを配合していたという。

## 名誉と不面目と

明治三八年一〇月、陸軍の調査グループが、横浜に係留されていた元ロシア軍艦『ポルタワ』の中に入った。同艦は旅順港から引き揚げられて、日本海軍籍に編入するために回航されてきていたのである。

『ポルタワ』は、公式には、日本軍の重砲弾が命中して沈没したことになっている。しかし、旅順港内に向けて観測砲撃を始めた当初から、日本陸軍の二十八サンチ砲弾も、軍艦に対しては効果が無いのではないかとの疑問が抱かれていたのであった。いま調査グループは、それをはじめて仔細に見届ける機会を得たのである。調査員のなかに有坂がいたという記録は見つからない。

艦内を隅々まで検分したところ、貫入した堅鉄弾の装甲艦内に及ぼす破壊威力は、案の定、微小であることがはっきりした。

旅順艦隊は勝手に自沈したのではないかとの、攻囲戦中からあった疑問は裏付けられる結果になった。

旅順のロシア海軍は、日本軍の対艦砲撃が当たるようになると、軍艦の被害を少しでも減らすために、艦内の弾薬と火薬および副砲類を全部陸に揚げ、キングストン弁を開いて、浅い湾内に着底させておいた。遂に守将ステッセルの降伏意図を了知するや、彼らは敵国に軍艦を再利用させない方途を考えた。すでに弾火薬庫は空であるので、彼らは水びたしの艦内に機雷を運び入れて、みずから点火し、側面に破孔をあけたのである。

有坂は、内地の要塞弾薬庫から二十八珊砲弾を搬出させるときに、信管から「延期装置」を外させていた。だから二十八珊榴弾砲でロシアの戦艦を撃沈しようなどという企図は、そもそも彼の胸中にはなかったのだろう。しかし明治二〇年に、海岸砲としては平射砲よりも曲射砲が有利だと力説した過去のある有坂としては、二十八珊榴弾砲の榴弾が、1発ぐらいはロシア軍艦の致命的部位を、みごとに破壊していて欲しかった――と、念じていたことであろう。

調査分析の好きな山縣有朋も、講和後1年以内に、ほぼ次のような総括をしたのではないだろうか。

――日露戦争は、有坂砲や二十八サンチ砲で勝ったのではなく、6・5ミリ小銃弾の低伸性能と省資源性とによって、辛うじて持ちこたえられた戦さであった――。

山縣が、普仏戦前のフランス参謀本部のように、これを大砲に対する小銃の優位と単純化したかどうかは、分からない。しかし、その後の日本陸軍は、まさにそう信じたかのような火器体系に変貌してゆく。

明治三九（一九〇六）年四月、有坂は、日露戦争の功（特に野山砲）により、功二級金鵄《きんし》勲章を賜わった。造兵専門官としての金鵄勲章は初めてであった。

同年七月、有坂成章は中将に進んだ。陸軍技術審査部も、日露戦争が終わる頃にはだいぶ人手も増えていた。おかげで有坂がすべての兵器をじっさいに審査する必要は必ずしもなくなり、たとえば小銃や機関砲（機関銃）ならば、万事を東京砲兵工廠の南部麒次郎少佐に任せておけば安心になった。

とはいえ、日本陸軍が技術研究系将校の大量養成のためにシステムを抜本から変革する兆しはなかった。だから、いぜんとして有坂が業務を一任できる後継者がほとんど見出せないような分野も残った。

信管も、そのひとつであった。

## 三八式野砲用の信管

日露戦争中にクルップ社に発注した三八式野砲は、三十一年式野砲にくらべて初速が高く、射距離も長いものだった。

つまり、三十一年式野砲の発射加速度に合わせて設計された着発信管（複働信管の着発機能も含む）は腔発を起こす危険があり、また三十一年式野砲の射距離に合わせてある曳火信管では、三八式野砲の長い射程を活かすことができないわけである。

ただちに、新しい榴弾用着発信管と、榴霰弾用の複働信管が試製されたものの、それらは不具合が続出し、けっきょく53歳の有坂が、修正の陣頭指揮をとることになった。

その一方では、まだ廃用になったわけではない、射程延長改修をほどこした三十一年式野山砲にも、新しい弾種が求められた。

それは、ベトン陣地にめりこんで爆発する「破甲榴弾」で、明治三八年一一月に初めて鋼製でつくられたのである。

破甲榴弾であるから、信管は弾底につける。しかし、この新しい榴弾も不発が多いと不評であった。

着発信管が発射の瞬間に起爆してしまわぬよう、雷管部と撃針部を隔離しておく部品を「支筒」といったが、この支筒が強すぎると着速の低い山砲では不発になってしまう。そうかといって支筒を山砲に合わせて弱くすれば、初速の大きな野砲で撃った

三八式野砲

ときに過早発（砲口を出た直後の自爆）を起こしてしまう。野砲と山砲の信管を共通化するのはなかなか難しく、これに三八式野砲と四一式山砲が加わって、有坂の仕事が減ることはなかった。

ちなみに、この榴弾用信管は、昭和になってもまだ余っていたという。

改造三十一年式野砲用の榴霰弾に用いる曳火信管も、秒時を２４秒まで伸ばす必要があった。また、新規設計である。

しかし、明治三九年一一月に教育総監部で発行した『野戦砲兵射撃教範改正草案理由書』は、「曳火弾を以てする試射は今後尚幾多の実験に訴えざれば射法として之を規定する能わず」として、旧い１８秒複働信管を基礎として編集されている。有坂の歩む道はなお遠かった。

明治四〇（一九〇七）年四月には、いよいよ最大射距離が1万700m（単箭下掘土）に伸びた三八式野砲の国産が完成する。六月一〇日には、制式制定された。

いっぽう有坂は、それに先立つ明治四〇年五月、戦時量産した「新式弾頭信管」を加修し平時用に供用するため伊良湖でテストを開始した。これは年末に至って、ようやく平扁螺線発条および遠心子を加え、加量筒の寸度を規正し、表面にワセリンを塗抹することで落ち着いた。

その間の九月には、有坂に男爵が授爵されている。これは有坂にとっては、もっと働けという長州閥からの激励のようなものであった。

一〇月には、試製山砲（のちの四一式）の試験が実施された。開発の中心人物は、技術審査部審査官、すなわち有坂の部下の、島川文八郎大佐だった。

明治四一（一九〇八）年になっても、有坂は相変わらず陸軍の伊良湖試射場で、信管の改修に没頭していた。

四月には、堅鉄弾と鋳鉄破甲榴弾用の「四一式弾底信管」を製作した。また、遠心子を採用した「四一式複働信管」も創製した。

一一月には、約35秒曳火する「三八式複働信管」の生産がようやく始まった。

しかしそのいずれも、制定までには幾度となく試験と改修が繰り返され、制定後も

四一式山砲

クレームは絶えず、有坂は、そのほとんどすべてに応えざるを得なかったもようである。

有坂の出張試験中のエピソードとして、富津射場の旅宿で女中を相手に信管の話ばかりを図面まで書き添えながら良い気持ちで続けていたとか、常時信管研究に集中するのあまり、宿舎に知人が一日二度尋ねてきたとき、それが同一人物と気付かずに同じ話を反復したとかの逸話が伝えられている。

さしもの有坂も、戦時と違ってゴールの関門が見えてこない平時の業務には、疲れを覚えた。明治四一年の伊良湖では「願わくは一度親《みずか》ら弾丸内に入り弾丸と共に飛行し以て信管の機能を実視するを得んか」と漏らしていたという。

明治四一年一二月、５６歳で酒も煙草も好んでいた有坂は、軽い脳溢血を起こした。しかし彼はすぐに復職し、信管の改修を続けたという。

翌明治四二（一九〇九）年一月、三八式野砲用に、ただの「十八秒複働信管」ができた。当面は、24秒の曳火をさせることは諦めたもので、加速度の大きな新式野砲で発射しても、過早発を起こさない応急改良品であった。

つづいて二月に「三八式野砲榴弾」の製造が始まる。

翌明治四三年四月、「四一式弾底信管」の製作開始。一年の間が空いていることからも、改修の努力が続いたことが分かろう。

陸軍省は、明治四四（一九一一）年二月には、改めて制式図を定めることで、雑多になりすぎた弾丸の制式を整理した。その同じ月に、大阪砲兵工廠で四一式山砲が完成した。

明治四四年四月、有坂はふたたび脳溢血で倒れた。

こんどは左半身の自由を失って、千葉県夷隅郡長者町に静養することになった。さすがに全快の見込みはなく、六月には待命（予備役とするまでの準備段階）とされた。

その同日付けで、楠瀬幸彦中将が、第二代目の技術審査部長に補任されている。

奇しくもその六月、有坂が最も心血を注いだ三十一年式野砲は、大部分、三八式野砲への交換を結了したのであった。

そして一〇月には、山砲兵隊の三十一年式山砲も、四一式山砲による支給交換が始められる。

この四一式山砲は、満州事変で臨時山砲隊として歩兵連隊に配属したところ、歩兵の直接支援火力として大変重宝であるとの評価がなされ、以後正式に「連隊砲」として、師団野山砲隊とは別枠の整備がなされることになる。しかし、支那事変以降は、連隊砲としての四一式山砲の整備が追いつかなくなり、なんと、倉庫にあった三十一年式山砲が引っ張り出された。それを、ビルマで終戦まで使っていた部隊もあったという。

なお、山砲用の榴霰弾も、大東亜戦争後半のビルマ方面では、臨時の対空射撃弾として活用された。あらかじめ４段階に信管測合した榴霰弾を並べておき、低空を掃射してくる敵機に対して、腰だめで発射したのである。有坂には想像もできぬ運用法であったろう。

大正三（一九一四）年一月、有坂成章中将は、予備役にされた。同年七月には、島川文八郎少将が、三代目の技術審査部長を襲った。

懸案の三八式野砲砲弾と信管の方は、明治四五年一〇月に「三八式野砲榴霰弾」の製造が開始され、ようやくラインナップが整いつつあった。

## 葬送譜、そして遺産

大正三年七月、第一次欧州大戦が始まった。戦いがたけなわになると、日本が奉天会戦のためにかき集めた数十万発の砲弾のごときは、ある国の砲兵隊がわずか1日で射耗する分量でしかなくなった。

独、仏、英のような戦争準備は、どうも日本には逆立ちしても不可能である。日本の指導者層の想像力を超絶した消耗戦、国家総力戦であったがゆえに、大部分の職業軍人には、希薄な危機感しか湧いてはこなかった。

日露戦争後、日本陸軍は、戦争をマネージする手腕を喪失した。総力戦に移行していく列強の競争から、日本はまもなく落ちこぼれる運命にあった。

大正三年八月末、有坂はほとんど口がきけない状態になった。いよいよ死期が近付いたとみた家族は、同年一二月に、千葉の静養先から、東京の牛込筑土八幡町（中野）の自宅に、有坂を戻した。

明けて大正四（一九一五）年一月、有坂成章は満63歳で息を引き取った。巷では、先年来の第一次欧州大戦特需による空景気（バブル）に浮かれた地方人ばかりが目立っていた。

１０年前、有坂銃の前に満州から敗退したロシア軍は、同じ１８９１年式小銃で、東部戦線に参加した。だが、日露戦争直後に開発され、有坂銃など小口径歩兵銃に対する弾道性能の劣位を逆転した「Ｓ弾」（尖弾）を発射するドイツ軍の口径７・９２ミリ１８９８年式歩兵銃に対し、数で勝るロシア軍歩兵は惨敗を喫した。

そして兵隊たちが反政府的になっていったとき、皇帝の藩屏《はんぺい》たるべき騎兵諸部隊には、もはや無数の歩兵銃の銃弾に向かっていこうという気力は生まれなかった。有坂銃が、騎兵のモラール（士気）に、深い傷を負わせていたからであろう。

日本の国産野砲のパイオニアであった大山巌元帥は、大正五年一二月に鬼籍に入る（７６歳）。

さいごまで有坂の運命を支配し続けた元老山縣も、大正一一（一九二二）年二月に８５歳の往生を遂げた。

その同じ月、ワシントンにおいて海軍条約が調印され、八八艦隊は宙に消え、じつに昭和七年まで長引くことになる造船不況が始まった。陸軍も続いて山梨軍縮を断行し、運用部隊の消滅した三八式野砲の多くが、倉庫に仕舞い込まれていった。

大正一三（一九二四）年の六月には、東京湾要塞の海堡でも火砲撤去工事が始められた。しかし、明治十年代に有坂が導入を扶《たす》けた二十八糎《センチ》榴弾砲は、函館、対馬、奄美大島など数ヵ所の内地要塞で、昭和二〇年の終戦まで、現役火砲として海面を睨み続けた。

有坂の死後、無慮数百万梃の三十八年式歩兵銃、同騎兵銃、四四式騎銃、九九式小銃が生産された。制式名にこだわらない欧米の銃器専門家は、これらをひっくるめて、いまだに“Arisaka-rifle”(有坂銃)と呼ぶ。

# 終章にかえて　日本人の武器観

文永一一（一二七四）年と弘安四（一二八一）年に元軍が襲来したとき、蒙古軍の歩兵が遺棄していった寸詰まりの弓は、射程でも発射速度でも、日本の武士の表道具・優美で長い馬上弓を、凌駕するものだった。モンゴルの短弓は、異なった素材を張り合わせて弾性を増した、言わばハイテクの合成合板弓だったのである。

しかし、日本の武士が、この馬上弓としてもあつらえ向きだった短弓を、自分たちの武器として導入しようとする動きは、その後ぜんぜん見られなかった。

同じような一見不思議な現象が、平安時代以前にもあった。大陸渡りの強力な歩兵兵器「弩」を、政府は国産させようとはせず、すべて倉庫に保管したまま、腐らせてしまったのである。

ところが、天文年間（一五〇〇年代）に下ると、南蛮渡来の種子島銃は、あっという間に全国津々浦々の武士たちに受容された。戦国末期の鉄砲の総数は、現在ではどの研究者も分からないほどに増えた。

なのにそのブームも、江戸時代になると急に収縮してしまう。

こうした日本人の武器に対する変わった態度の裏には、あるいは、一貫した選択基準が働いていはしなかったか。その武器が「主兵を高級に見せるかどうか」という価値判断が……。

南北朝以前の日本の主兵は騎乗する将であり、その表道具は馬上弓であった。弩は歩卒の武器であって、将が使うものではなかった。

またモンゴルの短弓は、たしかに性能はすばらしいが、外見がみすぼらしかった。重籐《しげどう》の長弓と取り替えたくなるような高級感が欠けていたのだ。

戦国前期の鉄砲は違っていた。それは、見た目にも「高級」であった。

南北朝いらい、槍を持った歩卒の働きが目立つようになって、弓を表道具とする騎馬武者の「主兵」としての地位も、徒士立ちの武士へ明け渡されようとしていた。

いまや戦場の主兵となったその徒士を目立って高級に見せてくれる鉄砲は、大歓迎されたのである。

ところが戦国時代に、万の単位をもって数えねばならぬほどに鉄砲が国中に普及してしまうと、初期の鉄砲に付随していた、高級で目立つイメージがなくなってしまった。

それだから、徳川政権は鉄砲を政策的に廃《すた》れさせることができたのである。代わって江戸時代に武士たちを高級に見せたものは、柔らか物の着類であった。

幕末になると、再び流行は変化する。

もう文久年間には、大名屋敷の門番までが洋銃を持っていた。そのころ、ある大名が弓を仕立てて行列をしたら笑われたという。弓や槍や火縄銃に代わって、こんどは洋式銃が、時代の主兵である若い武士たちを高級に見せてくれるようになっていた。

その洋式銃も、エンフィールド銃が輸入されると、ゲベール銃ではなんとも格好が悪く、士気が上がらなくなった。後装銃や連発銃が普及しはじめたときも、同じ選り好みが生じた。

三八式歩兵銃が師団の倉庫に収められだしたとき、兵士たちの三十年式歩兵銃に対する愛護精神が、目に見えて衰えたという。三八式小銃も、導入当時は輝いて見えたものだった。

三八式歩兵銃や九九式小銃が日本人から嫌われるようになったのは、昭和一八年以降、米軍の８連発の７・６２ミリＭ１自動小銃と、比べられるようになってからである。日本兵にも、敵の遺棄したＭ１小銃がいかにも格好よく、高級そうに見えたのだ。その憧れを今日まで受け継いでいる日本人が、歴史を遡りもせずに三八式歩兵銃を貶《おとし》めている。

歩兵銃は、パソコンよりも自家用車に近い。

一九九〇年頃、私が初めて触れたパソコンは、動作スピードが８ＭＨｚとか１２ＭＨｚであった。それが二〇〇九年の今では、オーバー１ＧＨｚだ。

自家用車の最高スピードが１００倍、２００倍になることなどありえまい。家族が乗る自動車を１５０キロ以上で走らせる必要がどこにあろう。そして、街中の交通手段である以上、ブレーキ性能、乗員の安全性、軽さ重さの範囲も、自ずと定まったものだ。

兵器にも、時代に無関係にほぼ枠組みが決まっているものと、何の決まりごとも存在しないものとがある。

後者には、たとえば戦闘機がある。それはパイロットを２人乗せる大型機でもいいし、反対に１人も乗せない超小型機でもいい。エンジンの最低馬力、最高馬力にも何の制限もない。スピードが音速の何倍になろうが構わないし、空中で静止できるものまで現に運用されている。

陸戦兵器では、初期の重機関銃がこれに相当するだろう。何頭もの馬で運搬するものだから、口径は37ミリから6・5ミリまで、何でもありだった。

日本人は、こういう、枠の決まっていないモノの開発は苦手なのである。

戦後64年もたつのに、いぜん日本の産業界は、飛行機分野ではアメリカに追い付くことができない。これはよく、占領期間中に航空機開発を禁じられていたせいであるとされるが、ではあのとき戦争に敗けていなかったら、あるいは昭和二七年までの占領がなかったなら、日本の航空機産業は欧米に追い付くことができたのであろうか？　私はこれを甚だ疑問だと思う。占領終了後57年が過ぎて、そんな言い草は通用しまい。

真相は、日本人は、スペックの枠が固定することのない分野では、欧米人と競争することはできないのである。同じことが、現代のコンピュータや、近未来のロボット兵器などについてもいえるのだ。

しかし自動車や家電では、日本の産業界は、欧米に順調に追い付けた。それらには「規範」と「指針」が与えられていたからである。テレビの走査線の数は同じだし、変換方式もアメリカのNTSC方式（ヨーロッパ向けはPALとSECAM方式）に合わせていればよかった。あとはその枠内での工夫と努力あるのみだった。

戦後のテレビや自動車のように、戦前において、厳密な枠組みの定まっていた兵器が、歩兵銃であった。

それはフルに装弾した状態で5キログラムを越えない方がよい。かといって有効射程が100mしかないようではいけない。弾丸の威力はあるにこしたことはないが、1人が1ダースきり持ち歩けぬような実包ではダメだ。

そうした、昔から自然に決まってきたスペックの上限・下限を、敢えてはみ出そうとすれば、結局その兵士、その部隊、その国家の、不利となるだけだった。新型歩兵銃を整備する競争は、与えられた「規範」「指針」の中での工夫であり、努力であった。

その枠のはまった競争に、陸軍技術審査部長の有坂成章は運良く勝ち、ロシアのツーラ工廠の銃器設計家は力及ばず負けたといえよう。

ところで、第一次大戦後、その歩兵銃の上限・下限を規定した枠のひとつが、忽然と崩れたのである。

アメリカ合衆国陸軍が、歩兵師団の小火器弾薬運搬手段として、爾後いっさい駄馬を使うことをやめ、小型自動貨車（3／4トントラック、さらに一九四一年以降はジープなど）に切り替えたのであった。

これによりアメリカ陸軍は「.30‐06」という強装弾のまま、全歩兵銃を自動小銃化することができるようになった。

そんなマネは、当時のヨーロッパのいかなる工業大国にも不可能であった。日本人には「機械化」のイメージが強いらしいドイツ陸軍であるが、ドイツ軍も歩兵部隊の自動車化はいまだしであった。だからこそ、弾薬を小型・弱装化するというトレードオフを行なって、「マシーネンピストル（機関短銃）」や「シュツルムゲヴェール（突撃銃）」を実現していた。

そして日本はといえば、最後まで馬以外に小行李《しょうこうり》推進を依存することはできなかったのである。馬に弾薬を運ばせている限りは、あくまで槓桿式の九九式小銃（やはり広義のアリサカ・ライフルといえよう）で、米軍のM1ライフルと対決するしかなかった。それは、与えられた条件内では、一も二もなく合理的であった。

第二次大戦中に、全将兵に自動銃を持たせることができたのは、ひとり米国だけだ。英国もソ連も、歩兵の主兵器は、最後まで三八式歩兵銃と基本的に変わりのない槓桿式小銃なのである。

今日の警察や軍隊の高性能狙撃銃も、三八式と類似の構造になっている。この歩兵銃を明治時代から国軍の主力小銃にしていたことは、日本軍人の後進性の証明とは少しもならないと、本文中にも述べた。

ただ、ジープを持たない日本軍でも、英軍のように、補助火器として機関短銃（軽量な拳銃弾を発射するので、個人で十分な数の弾薬を携行できる）を全面的に採用することは可能だった。また、南方のジャングルが戦場になるなら、それは是非やるべき処置であったろう。同じことが、大隊砲として、九二式歩兵砲の代わりにストークブラン型迫撃砲を南方の島嶼に持ち込まなかったことについても、確かに言える。

じっさいに、第一次大戦以後、日本では、自動小銃は無理でも、機関短銃ならできると考えられていた時期があり、小銃を更新するものとしての機関短銃研究も、造兵セクションで進められたのだ（巻末年表を見よ）。

が、それはついに陸軍の総意に適わなかった。

――なぜか？

シナ兵のイメージである。81ミリもしくは82ミリの軽迫撃砲は、射程は1キロメートル以上あり、日本陸軍の歩兵が掃討をしようとして躍進しても、悠々と砲ごと逃げ去ることが可能なヒット&ラン兵器で、第一次大戦以後、シナ軍の主力火砲だといってもよかった。機関短銃も、第二次上海事変の報道写真の影響で、日本人の頭の中では、遠間から弾薬を無駄撃ちし、決戦を避け、逃げ足ばかり速いというシナ兵のイメージと、濃厚に重なっていた。

日本人にとって、大東亜戦争の一つの大きな目的は「白人に並ぶ強い日本人」というセルフイメージを内外に立証することであった。

自分たちは白人と対等である、そこらの東洋人とは別種なのだという自意識が、機関短銃や迫撃砲の本格的な採用を嫌忌させる作用をした。いくら合理的であろうと、それでは日本人の対白人種の自己顕示欲は、満たされはしなかったのだ。この感情を、今日のわれわれが笑うことができようか。

昭和一八年以降、米軍は強いというイメージが浸透した。そして、彼らもまた迫撃砲や機関短銃を多用している事実が一般常識化して、ようやく日本陸軍は、機関短銃や迫撃砲に対する拒絶反応を緩解した。が、すでに内地の戦時経済は、それらの量産と整備をなかなか許さない情況になっていた。

戦後、陸上自衛隊は、米軍供与のM1小銃を捨てて、64式小銃を採用する。

私は、三八式小銃嫌いの米国崇拝者をして、自衛隊のイメージを旧陸軍と重ねさせない働きをしたものは、あの64式小銃の外見の高級さだったな、と思うことがある。

# 附録〈其の一〉有坂成章の生い立ち

有坂銃の発明者・有坂成章は、幼名を四郎といい、嘉永五（一八五二）年二月、周防国・岩国藩に、藩の火薬をつかさどる木部左門の次子として生まれた。

岩国藩は、毛利の分家でありながら、関ヶ原合戦前後に徳川家康に貸しをつくった吉川《きつかわ》氏が治めた領地で、公式には「藩」ではなかった。が、石高は3～8万ほどもあったし、幕府からも萩の長州毛利宗家からも、ほとんど一藩に準じた扱いを受けていた。四郎が生まれた時の藩主は、第12代・吉川経幹《つねまさ》（一八四四年家督相続、一八六七年没）であった。

その岩国藩で、代々砲兵家をもって任じてきた士族に、有坂家があった。四郎は11歳のとき、その当主・有坂長良（隆助、淳蔵、一八一七～一九〇二）の養子に迎えられ、木部から姓が変わったのである。

有坂長良は、慶應二年に設立された岩国藩諸隊の「日新隊」の砲術師範にもなっているが、事蹟として伝えられるところは少ない。むしろ長良の実父、すなわち成章にとっては養祖父にあたる有坂長為（助五郎、淳蔵、一七八四〜一八五五）が、当時から比較的に名を知られていた。［※長良も後に「淳蔵」と名乗っているが、紛らわしいので、以下、本書では淳蔵と書いた場合はすべて長為のことである。］

砲術の研究心がよほど旺盛だった有坂淳蔵は、家伝の十七流をもっては不足とし、他流を学びて飽き足らず、さらに火術の蘊奥《うんのう》を究めんものと、中国、九州の砲術家を尋ね歩いた。ついに出遭ったのが、長崎の高島秋帆である。一度は入門を拒絶されたが、再び長崎に出掛けた淳蔵は、晴れて入門を許され、舶来の「十五寸モルチール」（モルチール＝擲射榴弾砲の一種）について修業した。長州藩の誰もまだ秋帆の門下には見えなかった。

一八四一年五月、江戸・荒川河川敷は「徳丸ヶ原」における、日本近代史上に名高い西洋砲術公開演習に、淳蔵はすでに高弟格として加わっている。実子の長良も随行した。

演習終了後、秋帆は長崎に引き取るのだが、行路にあたる各藩では、一行を篤く歓

有坂成章

待せぬところとてなかった。長州藩もまたしばし高島一門を留め、蘭砲の製法伝授を乞うている。

なぜか淳蔵は六月二八日には岩国に帰ってしまうが、同年冬、吉川家の命を帯びてふたたび長崎の高島のもとへ赴き、「20ドイム臼砲」を鋳造してもらう。このときに二長良も同行した。このときに二人は、青銅砲の鋳造術を学んだようである。

天保一四（一八四三）年、淳蔵は、またも主命を蒙り、［地元の？］横山馬場において「十五寸短モルチール」を鋳造した。さらに嘉永六〜七年には隣国藝州の浅野甲斐守からの依頼により、つづく安政元年には広島藩の上田主水からの依頼により、やはり「十五寸モルチール」を鋳造し、車台もつけて引き渡している。

淳蔵は、家塾において、ヒューゲニンの有名な著作（佐賀、伊豆韮山、薩摩の反射炉や鋳鉄砲の指針となったもの）の翻訳書を書写させてもいたが、自ら反射炉を建てるような機会はなかった。

雄藩長州といえども、洋式銅砲の鋳造を起案したのは嘉永六（一八五三）年と遅い。じっさいに鋳砲事業が開始されるのは文久三（一八六三）年だから、防長諸藩の対幕府戦争の勝利は、ほとんど輸入小銃の質と量によったものだといってよい。

まして岩国のローカルな砲術家にすぎない淳蔵には、宗藩すら未着手のときに、施設産業である大砲製造に単独乗り出す意志はなかったのであろう。それかあらぬか有坂家では、高島秋帆が天保一三（一八四二）年七月に獄につながれる直前まで、秋帆から私財をもって大砲を買っていた。

**洋式調練**

嘉永元（一八四八）年五月、岩国藩に、萩・明倫館に倣った藩校の「養老館」が開校すると、建学の発議者でもある藩儒・玉乃九華（一七九七〜一八五一）が督学（学頭）に就任し、有坂淳蔵は砲術助教を命じられた。

弘化三（一八四六）年に朝廷は幕府に海防の勅を下しており、続く嘉永年間は、各藩軒並みに西洋銃陣の研究熱が興った。最晩年の淳蔵は、広島、岡山、備中庭瀬、備後三原、日向延岡の諸藩に聘せられるまま出張講義をしている。

この養老館の教授に、玉乃東平（五竜、世履、旧姓は桂、一八二五〜一八八六、墓地は東京にあり）がいた。

岩国藩士の家に生まれた東平は、若くして非凡の才を顕わし、玉乃九華の薫陶を受ける。さらに京都に出て尊皇家と交遊し、帰藩したところ、嘉永四（一八五一）年一二月に、九華が病没した。東平は、命によって藩儒・玉乃家を嗣がされた。

玉野九華は、荻生徂徠の古文辞学から朱子学に戻った儒学者だった。萩の明倫館に倣って設立を実現させた藩校「養老館」も、朱子学に基本を置いていた。

古文辞学、別名徂徠学は、もともと、儒学が現実の日本の政治に役立たないとして、朱子学批判として興ったものである。よって、幕末にもこれをかじる儒者は多かったが、朱子学に代われるような安定した教学体系がないことが不利であった。

東平もまた朱子学には満足できなかったが、彼は、徂徠学ではなく、さらに別な規範・指針を見つける。

養老館の儒学教授、そして藩主経幹の侍読をも兼ねつつ、彼は自ら家塾を開く。そこで東平が教えたものは他でもない、西洋銃陣であった。

総体、江戸時代の日本の儒者は、四書五経の他に、武経七書（孫子、呉子、司馬法、尉繚子《うつりょう》、六韜《りくとう》、黄石公三略、李衛公太宗問対《もんたい》）の講義ができることが要求されていた。

阿片戦争の成り行きが報じられたとき、日本国にとってはもはや、孔・孟・朱子の世界は唯一の規範・指針たり得なくなった。

そこである者は陽明学に規範と指針を見出さんとし、またある者は全く儒を見限らんとしたが、いずれにしても長年の規範を脱し指針を放擲するにあたって導索として頼られたのは、山鹿素行や荻生徂徠らも評釈してきている武経七書に横溢するプラグマティズムではなかったであろうか。

日本儒学伝統の七書研究の態度をひとたび幕末海防問題にもちこめば、そのアウトプットは、佐藤信淵や佐久間象山でなくとも「新兵器」「新戦術」の追究に結果したであろうと思われる。

こうして玉乃東平は、みずから洋式銃を担ぎ田野に教練する事業にいそしんだ。

東平はまた岩国藩の「製煉砲銃掛」にも任命されている。が、彼自身がその技術を持っていたのか、消息はつまびらかにしない。

## 長幕対立と岩国藩

文久三（一八六三）年、または元治元（一八六四）年に、東平は玖珂郡二十数ヵ村の撫育掛《ぶいくがかり》（開発局部長のようなもの）をも命ぜられた。

そのような折、長州藩は、京都で禁門の変を惹き起こす。

長州藩兵は、元治元年七月一八日に銃砲撃戦を始め、その日のうちに敗れて山崎・天王山に北《はし》り、結局二六日にほうほうのていで三田尻港に逃げ帰ってきた。

八月から一一月にかけ、幕府による第一次長州征討と、長州藩の謝罪があった。しかしおさまらない幕府は、慶應元（一八六五）年に諸藩に第二次長州征討を号令する。

ここに至って岩国藩では、「〇〇団」「△△隊」と号する民兵が複数組織されはじめた。岩国領は、長州にとっては他国である芸州浅野家広島藩との藩境に位置するいわば最前線なので、藩の独立自衛を図るために、藩主・吉川経幹みずから望んだところでもあった。

幕軍が徐々に広島に集結しつつあった慶應二年三月、玉乃東平も、掛りの村々から農民を取り立てて「北門団」という民兵隊を組織し、洋式操練を施した。団の装備には、臼砲2門なども含まれていたようだ。

岩国藩は、慶應二年六月、いよいよ毛利氏の友軍として安芸口を防ぐことになった。

もともと岩国の藩論は勤王と決まっていたわけではない。元治元年一二月に、長州藩で反幕強硬派勢力の粛清があったとき、藩では隣りの徳山藩（毛利支藩）の様子をみてから去就を決し、結局そのときは萩の実権勢力におもねっている。こたびの対幕戦参戦も、萩に対して反旗を翻しては吉川領の存続は到底覚束ないという事情あっての、消去式選択だった。

## 四境戦争と玉乃東平

第二次長州征討を、防長側では「四境役」と呼ぶ。大島口、安芸口、石見口、小倉口の、文字通り四正面戦争であった。

このうち最強の敵勢を迎えたのが安芸口である。幕軍先鋒の彦根藩兵と高田藩兵は、慶應二年六月一三日夜から砲撃を開始し、一四日払暁に越境。長州・徳山・岩国兵との交戦となった。

武田の武名を受け継いだ井伊氏の兵も、訓練を重ねたミニエー銃隊の前には脆くも挫け、幕軍は一四日のうちに、海岸より船で敗走した。

ところがこの日の戦闘で、岩国兵だけは相当の狼狽を見せたらしい。『防長回天史』は「頗《すこぶ》る秩序を紊《みだ》る」と書き留める。宗藩の正史にそんな記録を残されてしまうほど、岩国兵は醜態を曝したのだ。

しかしこのような経験を有する玉乃東平であったればこそ、逆に実戦的な民兵の鍛え方を理解し、のちの戊辰戦争で「日新隊」の出血を最小限にすることになったのであろう。

さて、いったん退却した安芸口の幕軍は、六月一八日夜、こんどは紀州藩兵と幕府歩兵隊を繰り出してきた。この新手は西洋化の度合が高い正規兵で、以後、四十八坂を焦点に、防長諸軍と幕軍は、広島領内での一進一退の攻防を続けた。

この間の岩国諸兵の区処は不明だが、北門団は「間道口」に戦ったというから、四十八坂の側面にあたる「松原口」に迂回機動した、井上聞多の指揮下にあったのかもしれない。なお、玉乃東平のこの「間道口」の働きに対し、戦役後、宗藩からは恩賞があったという。

六月二五日の長州軍の攻勢にも、岩国兵が参加したことがはっきりしている。しかし、ここでも決定的な勝利は得られなかった。

四十八坂付近では、慶應二年八月九日まで断続的に激戦が続いたが、ついに同日、幕軍は征長の軍を放棄し、陸海ともに退いていったのである。東平率いる北門団が、七月以降もずっと前線に貼りつきっぱなしだったのかは、よく分からない。

## 有坂成章、日新隊に入る

この四境戦争の芸州口は、いってみれば「ミニ日露戦争」であった。

幕軍側は小火器の性能でこそ劣っていたものの、その後方線の山陽道は十全で、しかも海軍が優勢であったから後方を絶たれる憂いもなく、一再ならず新手を繰り出して主導の勢いを失わなかった。

これをよく長軍側がしのぐことができたのは、第一次長州征討直後より、幕府に先んじて洋式火器と洋式戦術の導入につとめ、特に薩州人の手引きでミニエー式ライフル銃（エンフィールド銃などの先込め単発銃。雷管の外装が必要）を大量に輸入できたことが最大の理由である。

ところで、有坂成章は、この藩の大事の秋にあたって何をしていただろうか。

慶應元年、成章は、岩国藩の銃堡局に出仕している。数えで１４歳であった。

とうじ岩国藩士の子弟は、８歳から１４歳まで、藩校の素読寮に就学していたらしいので、その卒業と同時なのであろう。あるいはまた、和・蘭に通じた砲術家の養子として早熟な専門教育を受けていれば、防長の風雲急を告げる折から、卒業の１年繰り上げもありえたであろう。

と同時に、これが有坂成章の元服であったろう。「成章」の名は、第１１代藩主だった吉川経章《つねあきら》か、さもなくば、１２代藩主・経幹の家督相続以前の名である「章貞」

を念頭し、『論語』「公治長」からとったのであろう。

しかし、14歳の藩士が四境役で前線に立つことは、どうやら無かったようである。

さて、萩の宗藩の働きにひきくらべ、あまり目ざましいところもなかった岩国藩では、役後、下からの軍制改革運動が起こった。それは同時に、長州藩から輸入した、下からの勤王運動でもあった。

吉川家も、これをよしとした。岩国藩に限らない。およそ藩主たちにとっては、自家が存続することだけが大事である。その大事の前には、佐幕も尊皇もあり得ないのであった。

いっぽう、全国の下級武士たちにとっては、わが一身を挺することで至高の自由を獲得しようという武家本来のビヘイビアが取り戻せることが大事であった。名は何でもよかった。

かくして慶應二年のうちに、岩国では関ヶ原以来の「組」軍制が解体された。そして、長州藩の奇兵隊の例に倣った「隊」が、領内にも続々と結成されていった。

先鞭をつけたのは、陽明学者の東沢瀉であった。東は、四境役後も藩論が勤王に傾かないことを憤り、門下生ら40人を集めて一一月に「必死組」を結成した。

それについで、玉乃東平が「日新隊」を結成した。その後に、さらに3つの大きな諸隊と、いくつもの小規模な諸隊の結成が相次いだ。

この熱気は年少者にも及んだ。多くが諸隊に投ぜんとしたので、学校は空屋になってしまったという。そこで翌年一月に、藩では15歳以下の少年に改めて文学専修を命ぜねばならぬほどであった。

慶應三年三月の段階で「○○団」「××隊」といった諸隊は、計12グループを数えたという。

有力5隊のなかには、ゴリゴリの剣槍主義をもって鳴らす「建尚隊」のような保守的なものもあった。東沢瀉の思想もややこれに近かったようで、まもなくその過激をとがめられ、「必死組」の首謀者は流罪、組織は「精義隊」に改められている。（この精義隊の副督＝実質の指揮官として新たに任命された都野巽は、文久以前の江戸詰めの間に、江川太郎左衛門、高島秋帆に砲術を学んだ男であるという。）

大なり小なり洋式を採り入れんとする岩国藩諸隊の中で、その洋式受容度の点で最右翼に立っていたのが、日新隊であった。玉乃東平みずからが、家塾の士族門下生を中心に結成したものである。

日新隊の総督には、ただちに、藩の有力家老である宮庄主水（将美、一八三四～一八九五）が就いている。吉川家は、長州の倒幕運動にどこまでも相乗りすることで、自領の存続と家の繁栄を図る決意を固めたのだった。

「日新隊」の隊名は、たぶん『大学』の中にある「日日に新たにしてまた日に新たなり」からとったものだ。現代の戦争技術は駸々乎《しんしんこ》として一日もとどまってはいない。それを隊員の肝に銘じる含意かと思われる。

東平は、四十八坂の苦戦をその身で知った指揮官として、西洋火術を重視するのは当然であった。

そして砲術師範としては、有坂長良（天保一四年に淳蔵から家業皆伝）が迎えられた。とすれば、とうぜん養子の成章も日新隊に所属し、さらに研鑽を深めるところがあったはずである。

当時、泰西の学技の幾分かは漢文に訳されており、日本国内でもそうした書籍を入手して勉強することは可能であった。若き有坂成章は、玉乃から漢訳で物理を学んだ、と伝えられる。それはこの時期のことであったろう。

# 附録〈其の二〉岩国藩「日新隊」と15歳の明治維新

慶應三（一八六七）年末、薩長はいよいよ倒幕の軍をおこすことに一決した。一二月、徳山藩と吉川氏にも朝廷から上京の命がおりた。その命令が実際には薩長から出されていることは明らかであり、もはや萩と一蓮托生の身の吉川家では、拒むわけにいかなかった。

指名された１２代当主・吉川経幹（監物）は、しかし困ったことに、慶應三年三月に病死してしまっていた。大名の家督相続を認めたり廃絶させてしまうオーソリティは、いぜん徳川政権が握るところであった。かつまた、吉川家の格を名実ともに本物の大名に列してもらえるよう、藩昇格運動の最中でもあった。だから、喪は秘されたままだったのだ。

そこで、当主監物の「名代」として、家老の宮庄主水が岩国兵を率いて上京することになった。この藩兵は、事実上長州藩に差し出すべき手勢となる。となると、徳山藩の差し出し人数より多い必要はないが、宗藩長州に対してもかろうじて威勢を張ることは、吉川家の切なる希望であった。当然のように選抜されたのは、領内随一の洋式装備と調練を誇っていた、日新隊であった。

一二月八日、宮庄主水と岩国日新隊は、徳山の富海港から徳山兵とともに薩摩船に乗船した。出陣時の日新隊士のいでたちは「黒呉呂服洋服仕立」であったという。

三田尻港からは長州藩家老・毛利内匠が率いる本藩の兵1000名も合流した。思えばおよそ300年前の戦国時代には、万単位の兵力でなくては決戦はかなわぬことであったが、この幕末期の戦争では、1000名の精兵に最新の火力を持たせただけで決定的な戦力になりえたのである。そして蒸気船・機帆船は、一度にその1000名と装具・大砲・馬・補給品を詰め込んで、まったく行軍の労をバイパスして長距離機動することも可能にしていたのだった。

軍勢は、一二月九日に上洛した。毛利内匠に続いて、宮庄主水も一二月二六日に参内。天機を奉伺した。

なお、このとき日新隊の指揮を副督として実質的にとっていたのは、かつて玉乃九華の門下で東平と双璧と呼ばれた秀才、塩谷鼎助《しおのや》（一八二五〜一八九〇、養老館教授兼監察役）であった。なぜ同い歳の玉乃東平が、このとき自分の隊の指揮権を塩谷に譲ったのかは不明である。

藩主名代に従軍した日新隊の人数は、純粋な戦闘員は４０〜８０名ではなかったかと思われる。その中には、間違いなく有坂成章が含まれていた。確かな証拠は見つけられないものの、義父の有坂長良も、隊の随一の砲術専門家として、また数えで１５歳の養子の後見人としても、共に征かなかったはずはないと考える。

**伏見から大坂城へ**

慶應四（一八六八）年一月三日午後五時の、鳥羽口・伏見口における開戦のとき、岩国兵がどこにいたのかは、はっきりと分からない。おそらく市街の警戒任務を受けていたのが、銃砲声を聞いて逐次洛南にかけつけ、実質的に長州藩の指揮下に入って戦闘加入したのではないかと思う。

伏見方面の幕軍主力は、約１５００名の会津兵であった。これに対して、合計すればほぼ同数の、薩摩・長州・徳山・岩国・土佐兵が衝突したと見られる。

有坂成章は、医薬の未だ整わない明治時代を越えて六十有余歳まで生きた人であってみれば、もとより現代人のわれわれよりは数倍頑健である。だが当時の基準では、彼は虚弱質であった。維新後に兵学寮に入ってからも、しばしば病室に起伏しなければならなかったほどだった。視力も、写真に撮られる時は必ず黒縁の眼鏡を脱していたけれども、本の虫だったため早くからだいぶ悪くしていたようである。

そのような15歳の少年が、いきなりこの前線に立たされたかどうかについては、私は疑問をもつ。「本部付き」のような形で、後方に置かれたとしても不思議はないのではないか。後年の本人も、鳥羽・伏見での具体的な手柄話を何も人に語った様子はない。

しかしここでは、有坂成章が日新隊の戦闘部隊と行を共にしたとの仮定の上に立ち、その後の活動を追うことにしよう。

戦端が開かれる前の幕軍側の大目的は、朝廷に討薩表を進め奉ることであった。かつ三日薄暮《はくぼ》における彼らの感情はすっかり激していたから、合理的な「陣地防禦」の戦術もとることができなかった。その結果、装備火力の優劣がモロに出る野戦にひきずりこまれた。

さらに幕軍側は指揮官に人なく、薩長軍の待ちかまえる陣地に劣った火力（野砲小銃共）で散発的・不統制な正面押しに出て、三日の宵と四日の早旦、相手陣前での攻撃頓挫を数度繰り返す。

ついにたまらず幕軍は伏見、京橋、高瀬堤、鳥羽を次々と退き、日没にはかろうじて洛南の「冨の森」を保った。この間の岩国兵の動きは分からない。

一月五日昧爽《まいそう》、冨の森から淀城下にかけての攻防が始まった。

その日は朝から霧がたちこめ、湿度１００％の空気の中にひとたび有煙火薬の火器を放発すれば、ほとんど煙幕を展張したのと同じ状況になった。ために薩長軍の遠戦火力も、そのポテンシャルを思うように発揮できなかった。

だが指揮統制能力に根本の欠陥がある幕軍には、煙霧をうまく利用した攻撃などは無理であった。ついに、要害淀城を支撐点《とう》と頼むべく、淀川堤を南西に退却。最悪の「背水の陣」であったが、いったん戦線を後方に縮小する運動になると、幕軍の劣った指揮通信も機能を取り戻すかに見えた。

ところが、淀城下に至ると、意外や数日前には佐幕であった淀藩は節も義もなく寝返っていたので、将士は甚だ混乱を覚えた。少なからぬ者がこのとき大坂退却を思ったことであろうが、それでも総崩れにならなかったのは、やはり会桑兵の士気が高かったのだろう。

だが最高司令官がいつまでも遅疑逡巡しているようでは、勇卒もいかでか全たかるべき。かつは、城下が放火されて濃霧が吹き飛ぶと、幕軍は夕闇迫るをまって大坂城の方向である南方へ退き、「橋本」隘路一帯に防御拠点を求めるに至った。

## 終生最大の戦闘体験

京都盆地から大坂平野へ行くために必ず通らなければならないのが、この隘路《あいろ》だった。その昔の桜井駅はこの関を大坂側に出たところにあり、山崎古戦場の天王山も、ここを西から扼する高地に他ならなかった。幕軍は、この要地ならびに、すぐ東の「八幡」に陣を敷いた。

橋本隘路には、東から木津川、北からは宇治川と桂川が集まっている。それはこの谷において一本の淀川にまとまり、南に抜けたあとは、扇状に拡がる平野を大坂湾まで一瀉下るばかりであった。幕軍にとっては、この関門を破られれば、あとは大坂城での籠城戦しかない。しかし、橋本〜八幡の一帯は、錯綜した水障害が陣地防禦を特に容易にする地勢で、五日夜は戦線の流動は止まった。

北から追撃してきた長州軍と薩軍は、六日払暁を期して「八幡〜橋本」の台場（陣地）に対する協同攻撃を企画した。八幡台場正面の区処は、木津川に南面して、薩軍と長州軍とが左右並列に展開しての、平押しの形である。

これらの薩軍は「城下」と「外城」の違いはあってもすべて常設編制の正規軍であって、その単位は「大隊」と呼ばれることが多い。六日朝の攻撃に参加したのは１０００名ほどで、返り忠の淀藩兵４００名がその案内役に立ったという。

長州本藩の総勢はやはり１０００名ほどで、こちらは常備軍ではなく、ひとつひとつが固有の隊名を名乗る「諸隊」の集まりであった。それぞれの隊は「中隊」と呼ばれることが多く、規模はどれも１００名前後だったと見られ、それぞれ2個小隊に分割運用することができた。

これに、徳山藩士有志からなる「山崎隊」と、岩国の日新隊が、持場を割り当てられた。これら《徳岩兵》については、五日の桂川徒渉戦から、長州本藩の「膺懲《ようちょう》隊」（第8中隊）と行動を共にしていたらしいことが分かる程度である。

徳山を出たときの山崎隊は総勢228人だったが、六日の攻撃に参加した人数は、不明だ。それでも、４０～８０名とみられる日新隊よりは、多かったであろう。

気温低く風も強い一月六日早朝、攻撃は発起された。

日新隊は2個小隊に分かち、「一番小隊」は、膺懲隊および山崎隊全力とともに「狐の渡」から木津川対岸の八幡南側を攻めた。

第一小隊と第二小隊に分かれたとき、塩谷のいない方の小隊の指揮を誰がとったのかは分からない。

「二番小隊」（記録では「二番銃隊」とも）は、淀川を舟渡して山崎陣地を攻めたとされるが、この攻撃が他と同時に早朝に発起されたのか、それとも時間差があるのかもよく分からない。長州本藩はこの日の戦闘に、膺懲隊を含め4つの中隊を投入しているから、広い戦線で一斉に攻撃が行なわれたことは確かである。

やがて、より大坂寄りの「科手」で薩軍が幕軍と遭遇戦に入ると、徳山と岩国の兵も橋本台場を「砲撃」したとされる。

全線で圧迫され、味方のはずの津藩兵からも砲撃された幕府軍は、八幡と橋本を放棄して大坂城方面への総退却に移った。この日、長州兵とその支藩兵には戦死者ゼロ。受傷14名のみだったという。

敵情不明になったので、薩長軍は、隘路南口の「葛葉（楠葉）」村までで追撃を打ち切った。

## 「村田銃」発明者との接近遭遇

六日の戦いで防長軍とならんで木津川を渡った薩州軍の中に、日向高岡の郷兵・外城一番隊を率いてきた村田経芳がいた。

村田隊は、開戦前は鳥羽方面で四塚の関門および青山に配備されたが、一月三日に竹田南端油小路付近に移動し、そこから戦闘加入した。

同夜一〇時過ぎ、幕軍は会津兵のみの集中不徹底な逆襲を城南離宮東方の外城一番隊と同二番隊の守備線に対して反復して加えたが、村田らは畳を積んで胸壁となし、これを撃退。五日には伏見方面にあり、さらに六日の八幡と橋本の台場（陣地）攻撃に参加しているから、村田と有坂はこの二日間、同じ戦線で戦っていたことになる。

（岩国から上洛するときの乗船が重なったかどうかは不明。）

やがて新生帝国陸軍の軍銃をアジアで最初に一定（一型式で統一すること）し、日本に欠けていた近代国家の要件を一つ満たすことになる村田経芳は、この時30歳。長州と薩摩では部署が分かれているので互いに顔を見ることもなかったろうが、15歳の有坂にとっては初陣の奇縁というべきであった。

幕軍側は陣地を構えて待ち受けるという有利な態勢であったが、隣りの陣地を守る仲間の戦意を信用できずに浮足立った精神状態で、全面攻撃が始まると過早に陣地を放棄して大坂城方面に北《はし》ったのである。

なお、児玉源太郎は徳山出身だが、この正月の戦いには参加していない。16歳だった児玉は、五月以降に奥羽～箱館に出征した徳山藩諸隊の一員として戦っていることを付記する。

幕軍は、七日中にほとんど大坂城へ向かって総退却したと見られた。

八日になって、官軍は八幡に本陣を移した。そして、徳山と岩国の兵だけに、舟艇で淀川を下り、大坂城を偵察することを命じた。

率いていくのは萩藩士、「整武隊」参謀の佐々木次郎四郎《じろうしろう》（一八三九～一八七二）。山崎、日新の両隊とも、この前衛任務には、ほぼ全力をひきつれていったと思われる。

同日、徳岩合同斥候中隊は、枚方《ひらかた》を過ぎて、夜には守口まで達した。が、敵影をまったく認めなかったので、いぶかしみながらも九日朝、いよいよ大坂城に近付いた。すでに徳川将軍は、六日の夜に大坂城を脱出して、軍艦で江戸に向かって逃亡していた。まったく戦意を喪失した城内の雰囲気は、佐々木らにもすぐ気取ることができたであろう。

朝五ツ頃、城の東北に現われた徳岩隊は、「京橋口外」の小屋あたりに向けて大砲で破裂丸を2発発射した。

それに対して城から斥候が出てきて、長州の印を確認してすぐ戻っていった。さらに大手門に近付くと、鉄鞭の先に白布を結び付けたものが門外で振られ、すぐに、残留目付・田宮妻木の使者が馳せ来った。佐々木と、副隊長格の坂井勉は、それぞれの名札を使者に手渡した。

やがて佐々木、坂井だけが桜門内の玄関から城に招じ入れられ、「天井の間」に通された。

両名には3人の「書生体《てい》」の者が随行し、この3人は次の間である「獅子の間」の長押に腰掛けて待っていたという。

田宮と開城の談判をしている間に、城内３ヵ所から出た火災の勢いが烈しくなった。煙が漂ってきたので、佐々木らはいったん城外に出る。

そして四ツ時頃、徳岩隊は燃える天守閣を見ながら、大番所と中仕切門の間で叉銃して食事を摂った。

こうして徳山藩と岩国藩は、あっけなくも大坂城一番乗りの名誉を手に入れた。だが、有坂成章は、この劇的な瞬間を回顧した文章も残してはいない。

**武家精神はいかに滅びたか**

鳥羽伏見における徳川武士団の行動を寸評するなら、それは権力を権利と混同した典型的な平和ボケであった。

江戸時代の武家は、他のどの階層よりも自由だったが、その自由とは、源平いらい武士がその一身を挺して戦いとってきた「血の貯金」に他ならない。自ら生命を捨てる覚悟まであって、はじめて武士は、百姓町人公家坊主その他には持ちえない、人生を選びとる自由を謳歌できたのである。

ところが徳川武士団は、いつのまにか、武家の自由も朝廷から与えられるものと考えるようになった。与えられた自由で満足するようになったとき、彼らは武士ではなくなった。

朱子学の指針と枠組みで陶冶された武士が、次世代の武士を薫育するようになったとき、徳川時代の武士は、遂に武士でないものになったのである。

そのようにしてとっくの昔に武士であることを拋擲してしまった徳川将軍が、自ら一身を挺して人生の最大の自由を獲得せんと刃向かってくる薩長軍に、どうして対等の交渉を強要できたであろう。

戦わないことにした人間には、人から与えられた自由で満足する自由しか持てない。それは先の敗戦を「無条件降伏」と考える戦後日本人とて同じだ。

## 有坂父子、岩国に戻る

大坂城は全焼してしまったが、徳岩合同中隊は引き続いて大坂市内を警備しつつ、長州軍本隊の到着を待った。

徳岩兵が大坂から京都に戻ったのは一八日で、二〇日までに長州藩「七番小隊」（中隊？）と交代し、蛤門の警衛についた。

もはや京洛での戦争は決着したことが明らかなので、徳山藩ではいち早く、本国からあまり精鋭でない民兵隊を交代要員として上洛させ、歴戦精鋭の山崎隊の任はこれを解いて帰藩させた。

いっぽう藩主不在で抜きん出た家老もいなかったらしい岩国藩では、大任を果たして疲れ切っている日新隊を、次の緊急事態に備えて帰国・休養させるという智恵が回らなかった。

このため休む間も与えられずにいつまでも長州兵の風下で御所の警備をさせられている隊士の不満が高まり、副督の塩谷鼎助は再三国元へ書状を送って、軽卒・団兵からなる部隊と交代して帰国させられることを求めねばならなかった。

その結果、ようやく宮庄主水は隊を率いて京都をたつことができ、一月二五日に、日新隊は凱旋帰藩することを得た。同日、京都守衛の交代要員である「敬威隊」が、岩国を出立している。

なお、有坂没後に『偕行社記事』が載せている中将略伝によれば、有坂は一月二〇日に岩国に帰ったことになっているが、やはり二五日の誤記ではないだろうか。ともあれ、有坂成章の戊辰戦争は終わったのである。

# 文献一覧

**国立国会図書館、東京都立中央図書館、国立公文書館、市販書、古書**

秋保安治・高橋立吉『発明及発明家』「有坂成章君の銃砲」(明治四四)、『御家中系図』〔岩国徴古館より当該ページのみコピーを送って戴いたもの」、安斎実『江戸砲術家の生活』、有馬成甫『高島秋帆』、仲田正之『江川坦庵』、大原美芳『江川坦庵の砲術』、吉田太郎『徳川幕府末期ノ造兵事業沿革』(大正八、東京都立中央図書館蔵)、『増補防長人物誌』(昭和五九復刻)、『現代防長人物史　人』(大正六)、山口県人会『防長人物百年史』、上田純雄『岩国人物誌』、綿谷雪『幕末明治実歴譚』「村田銃発明談」、京都市『京都の歴史7　維新の激動』、日本歴史学会『明治維新人名辞典』、奈良本辰也『幕末維新人名事典』、宮崎十三八・安岡昭男『幕末維新人名事典』、『徳山市史　上』、『徳山市史史料　中』、日本史籍協会『吉川経幹周旋記　五』『吉川経幹周旋記　六』、『山口県百科事典』(一九八二)、『防長回天史』(一九八〇repr.)、大山柏『戊辰役戦史(上)』、東京大学史料編纂所『維新史料綱要　巻八』(昭和五九復刻)、東京大学史料編纂所『明治史要全』(昭和四一復刻)、金子功『反射炉Ⅰ』『反射炉Ⅱ』、所荘吉「ナポレオン戦争の余波と幕末の日本」(『洋学』4)、日本ねじ工業協会『日本におけるねじの始まり』、日本ばね工業会『日本のばねの歴史』、荘司武夫『火砲の発達』、『鹿児島縣史　第三巻』、鈴木正節『幕末・維新の内戦』、高橋一美『会津藩鉄砲隊』、佐々木克『戊辰戦争』、宮田幸太郎『佐賀藩戊辰戦史』、清水敦郎『徳川慶喜と幕末維新の群像』、『西郷隆盛　維新回天の巨星と戊辰戦争』(学研・歴史群像シリーズ16)、清水素『防長歴史探訪(四)』、金子常規『兵乱の維新史(1)』、金子常規『兵器と戦術の日本史』、高柳光寿監修『日本の合戦　第八巻』、渋沢栄一『徳川慶喜公伝4』、日本史籍協会『徳川慶喜公伝史料篇三』、『三百藩家臣人名事典　第六巻』(新人物往来社)、『新潮日本人名辞典』(一九九一)、下中邦彦『日本人名大事典(新撰大人名辭典)第一巻』、『国史大辞典第四巻』(吉川弘文館)、『日本史大事典　第一巻』(平凡社)、床井雅美『世界の銃器』、ジョルジュ・カステラン『軍隊の歴史』、佐藤徳太郎(重訳)『ジョミニ・戦争論』、参謀本部『露土戦史』、『石材・石工芸大事典』(鎌倉新書、昭和五三)、勇知之『日録・田原坂戦記』、浄法寺朝美『日本築城史』、大山梓『山縣有朋意見書』、島田薫『日清戦争実記』、松下芳男『近代の戦争　第一巻』、『森鷗外全集33巻』、東京都『江戸の牛』、生田惇『日本陸軍史』、十川純夫『工作機械』、長谷川一郎『精密工作法』、奥村正二『工作機械発達史』、早坂力『池貝喜四郎追想録』、『不二越五十年史』(昭和五三)、長島要一『明治の外国武器商人』、陸軍砲工学校『一八九二来欧州諸国野山砲兵』(明治二六訳)、陸軍省『明治卅七八年戦役陸軍政史第一巻』『明治卅七八年戦役陸軍政史第三巻』『明治卅七八年戦役陸軍政史第八巻』『明治卅七八年戦役陸軍政史第九巻』『明治卅七八年戦役陸軍政史第十巻』(一九八三復刻)、谷寿夫『機密日露戦史』(昭和四一復刻)、参謀本部『明治三十七・八年秘密日露戦史』(昭和五二復刻)、沼田多稼蔵『日露陸戦新史』、相馬基『参戦廿将星回顧卅年日露大戦を語る』(昭和一〇)、有賀長雄『日露戦争国際法論』、黒井悌次郎「敵弾に就て」(『旅順攻略海軍陸戦重砲隊』所収)、徳間文庫版『日露戦争　上』『日露戦争　下』(一九九四)、原田勝正『日露戦争の事典』、R・M・コナフトン『ロシアはなぜ敗れたか』、I・I・ロストーノフ『ソ連から見た日露戦争』、大江志乃夫『日露戦争の軍事史的研究』、大江志乃夫『日露戦争と日本軍隊』、『靖国神社百年史事歴年表』(昭和六二)、『図説近代建築の系譜』(彰国社、一九九七)、陸軍兵器学校『兵器生産基本教程　六　銃器』、日本兵器工業会『陸戦兵器総覧』(一九七七)、竹内昭・佐山二郎『日本の大砲』、永尾幹三郎『兵器技術教育百年史』(昭和四七)、火兵学会『火薬術語集』(昭和五)、山縣保二郎『小銃と火砲』(昭和五)、農商務省『狩猟図説』(明治二五)、金子銃砲店『銃砲正価報告書』(明治三〇)、津野瀬光男『銃器・火薬実用事典』、藤堂高象『軍事科学講座兵器篇』(昭和七)、桜井忠温『国防大事典』(昭和五三復刻)、長谷川正道『国民参考兵器大観』(昭和九)、有坂鉊蔵『兵器考(二)砲熕篇一般部』(昭和一五復刻)[※著者は造兵系海軍士官の草分けだが、有坂成章とは血縁・地縁等接点一切無し]、岩堂憲人『世界兵器図鑑アメリカ編』、『陸軍戸山学校略史』(昭和四四)、『別冊一億人の昭和史　兵器大図鑑』(毎日新聞社)、George Markham著 "Japanese Infantry Weapons of World War Two".1976, London、フランコ・ボグダノヴィッチ『世界の名銃』(一九八八)、長谷川公之『ピストル』(昭和三六)、ロイド・ジョージ『世界大戦回顧録　巻1』、ジョン・F・C・フラー『制限戦争指導論』、『英国新式斯乃独児尾装銃操法』(明治一)、『村田銃保存法』(明治二一)、長谷川芳三『兵卒教授村田銃取扱法問答』、『村田連発銃使用法』(明治二八)、『村田連発銃保存法』(明治二九)、『軍隊学　附・村田連発銃分解法』(明治二九)、『村田連発銃及連発騎銃取扱法』(明治三七)、『三十年式歩兵銃使用法草案』(明治三三)、綿引久太郎『兵器叢談』(明治三一)、『砲兵学教程』(明治三三)、有坂成章『砲兵士官須知』(明治一一〜一五)、垂井・横道共著、有坂成章校閲『兵器学(各兵科将校用)』(明治三六)、川田久長『活版印刷史』、雑誌『工藝記事』(国会図書館蔵)、雑誌『造兵彙報』(国会図書館蔵)、雑誌『火兵学会誌』(国会図書館蔵)、雑誌『各国兵事摘要』(国会図書館蔵)、雑誌『兵学研究会記事』、雑誌『偕行社記事』第666(昭和五・三月)号他、雑誌『水交社記事』、『大分県の産業先覚者』(昭和四五)

※国立国会図書館の蔵書資料について一言したきは、明らかに旧いマニアの手によって小火器・火砲関連のページだけ切りとられていることがある。あたかも古墳の盗掘跡に立ち尽くすの感がある。

**防衛研究所図書館で閲読し得た資料**

雑誌『偕行社記事』大正四年四月号「有坂中将略伝及ヒ逸話」、昭和一二年三月号「世界無類の有坂砲」、昭和一二年七月号他、砲兵監部編『砲兵学講本第二版巻ノ一』、砲兵監部編『砲兵学講本第二版巻ノ二』、砲兵監部編『改訂砲科教程弾丸之部』(明治一六)、防衛省所蔵『東京湾要塞歴史第一号』(明治二七~四四)、毛塚五郎『東京湾要塞歴史(1)』、毛塚五郎『東京湾歴史附属年表(稿)』、藤沢一孝『明治維新以降本邦要塞築城概史』、陸軍省編『砲兵操典七珊米山砲々操砲之部』(明治一八)、陸軍省編『野戦砲兵操典』(明治三一初版、三三再版)〔内山英太郎中将の書き込みあり〕、『野戦砲兵射撃教範』(明治三一・四改正)、『各種火砲射表綴』(明治三二)、『野戦砲兵射撃教範』(明治三二)、『野戦砲兵操典草案』(明治三三)〔内山英太郎中将の書き込みあり〕、『野戦砲兵射撃教範草案』(明治三三)、『野戦砲兵射撃教範』(明治三六)、『野戦砲兵射撃教範改正草案理由書』(明治三九)、『野戦砲兵射撃教範改正草案』(明治四一)、『兵器学教程(弾丸火具)』(昭和一三改訂)、『生徒用兵器学教程弾薬第一巻』(昭和一五改訂)、『兵器学教程　弾薬　第三巻』(昭和一五編纂)、『弾薬参考書』(昭和一五編纂)、『兵器学教程案(弾薬　第二巻)』(昭和一九)、『三一式山砲取扱上ノ参考』(昭和一三)、陸軍技術本部編『蘇軍1902/1930年式七六粍野砲説明書』、北島稿『砲兵沿革史(制度其四)』、陸軍省『兵器沿革史(小銃)第一輯』、『兵器沿革史(野砲・山砲)第二輯』(大正九)、『陸軍省沿革史　慶應三年~明治三三年』、佐久間潔誌『砲兵陣中必携』(明治八)、『野戦砲兵士官手簿』(明治三六・六)、『陸軍主要火砲諸元表』(昭和三四)、臨時軍事調査委員『各国各兵種使用兵器概見表』(大正五)、酒井亀久次郎『火砲製造の想い出』(昭和二九)、『地上兵器生産状況調査表』(昭和二〇)、雑誌『内外兵事新聞』、雑誌『砲兵会記事』、雑誌『講和筆記』、雑誌『軍事』、雑誌『月曜会記事』

## 補足年表（本文に漏れた事歴を参考提示す）

寛政四年　七月　これまで江戸の近くで大砲を撃っていい場所は鎌倉に限られていたが、以後は三百目玉までに限って荒川岸の徳丸ヵ原でも許可。

文化三年　徳丸ヵ原で放発してよい大砲の口径の上限が撤廃される。

天保一三年　高島秋帆が下獄し、家宅が捜索された折に、岩国の有坂淳蔵父子より注文を受けた大砲の鋳造代金100両が見つかる。

嘉永六年　この頃、江戸附近での大砲発射の稽古場は、大森村、徳丸ヵ原、佃島にあり。

嘉永七年　セワストポリ前哨戦の時点で、ロシア兵のマスケット銃の射程は、300〜450歩。これに対して英仏軍はミニエー弾で1200歩。ライフル兵大隊は、ロシアの軍団ごとに一部隊しかなかった。

安政四年　この年、大鳥圭介が芝新銭座で翻訳兵書刊行のため、飾り職人に小銃弾を溶かして活字を鋳造させる。日本で初めてアンチモンを添加して鉛を硬くした。

安政六年　仏で四斤砲に用いられる逆圧式着発信管のデマレー式信管ができる。

慶應二年　二月　岩国藩養老館の素読寮通学少年16人が裏山の火遊びから焼死する。14歳までの彼らは、全員、少し前までの有坂の同窓生たちであった。最年少8歳の少年は、預かっていた全員の刀の上に伏して焼死しているのが発見された。

明治三年　大阪城内に造兵司をおく。閉鎖機が吹き飛ぶなどの事故に悩んでいた英アームストロング社は、この年、いったん底装砲を前装砲に戻す。（その間に、クルップ社が技術的に追い抜いてしまったといわれている。）

明治四年　造兵司で仏式四斤山砲をつくる。普仏戦争終わる。（本役でドイツは980門の野戦砲を投入し、50万発の砲弾を発射。日本陸軍はこれを基準にした。）

明治五年　二月　仏式四斤砲用の榴霰弾と榴弾をつくる。

| | | |
|---|---|---|
| 明治六年 | 三月 | 造兵司で四斤野砲も国産す。 |
| 明治七年 | 三月 | 有坂、兵学寮に十一等で出仕。 |
| | 四月 | 有坂、少助教となる。 |
| 明治一〇年 | 四月 | 露土戦争にロシア軍が米国製のヘンリー・ライフルやウィンチェスター・ライフルを投入し、連発小銃の威力が西欧列強に認識される。 |
| 明治一二年 | 一二月 | 第二次アフガン戦争のチャルダー渓谷の戦いで英国軍は大敗。特にライフル銃を持った敵歩兵に対する騎兵の無力さが初めて実体験された。 |
| 明治一四年 | | 海軍がドイツから褐色火薬（大砲用有煙）の製造権を購入し、目黒火薬製造所で製造開始。 |
| 明治一五年 | 四月 | 有坂、砲兵大尉に任じられ、同時に参本部員となる。 |
| 明治一六年 | 五月 | 大阪砲兵工廠は、イタリア式の「鋼銅」で、底装式「七珊山砲」（口径75ミリ）を試製。 |
| | | この年、手廻活字鋳造機（カスティング）の国産品できる。 |
| | 六月 | 一〇日、乃木希典は越中島で「甲山砲」の試験を見た。 |
| 明治一七年 | 四月 | それまで近衛騎兵、輜重兵、憲兵下士卒、野山砲兵下士卒用にSW拳銃を支給してきたが、フランスの最新の動向にあわせて、砲兵下士、ラッパ卒、馭卒、乗馬兵への小銃・拳銃支給は廃止。 |
| | | この年、陸軍は第二火薬製造法取調委員を選ぶことに。 |
| 明治一八年 | 一月 | 砲兵少佐中村雄次郎、同大尉有坂成章、同天野富太郎は、新製砲用火薬製造法取調委員を仰せ付けられ、板橋火薬製造所に出張を命ぜらる。（3人は、明治一九・一〇まで屡次来所し、研究。そして明治二〇・一には、小銃薬、山砲薬、野砲薬の各製造法が制定された。このうち天野は、少佐時代の明治二五、在ベルギーの島川文八郎大尉とともに、無煙火薬製造機械を輸入した男。後、島川は造兵系士官として初めて大将になる。天野は明治三三に中佐で病死。） |
| | | この年、村田は8種の連発銃を試作。前床弾倉十連発銃×3種、尾筒弾倉六連発銃×4種、前床弾倉十五連発銃×1種。これを、黒田大佐、天野少佐、大田少佐、戸山 |

学校射撃科長の今村少佐、他が数年テストして二十二年式を決定。
この年、イタリア式につくった「七珊野砲」も完成。
この年までに、七珊野山砲が全国の野砲兵部隊に行き渡る。

明治一九年　この年、仏で無煙火薬発明さる。
八月の「月曜会」の幹事として、児玉源太郎少佐、東條英教大尉とともに、有坂成章大尉の名が。

明治二〇年　四月　有坂、砲兵少佐に昇進。
六月　新聞は、有坂大尉が仏式褐色推薬（大砲用有煙薬）を野山砲に応用す、と報道。
九月　砲兵会議、綿火薬を弾丸炸薬として採用。この時に二十六年式拳銃の件も議題に上ったか。
この頃、欧州では速射野砲の研究盛ん。

明治二二年　二月　三日午後、有坂は乃木希典邸を訪問した(乃木の独文日記にあり)。
六月　四斤砲用の曳火信管できる。最大9秒、4時限に変えられた。(信管体は小さいものなので、鋳鉄ではなかなかうまく製造できず、初期には青銅や「銅・錫・亜鉛」合金で作る必要があった。)
九月　七珊野砲の榴霰弾用の「複働信管」制定。グリロー少佐設計、大阪砲兵工廠製。
この年の時点で、大倉組、宮田製作所、川口製造所、岡本、原、小佐井といった猟銃メーカーあり。
砲兵工廠製村田式猟銃は、最初は廃銃損銃を使ったが、このころはほとんど新調で、9円50銭で「払い下げ」(＝市販のこと)。

明治二四年　三月　島川文八郎大尉、ベルギーにて無煙火薬の製造法を研究す。
この年、十五珊臼砲が完成する。当初は青銅製で射程4000mだったが、のちに鋳鉄製にして射程4500mを狙った。日露戦争にも投入された。
この年、三井物産は10万円分の大砲を輸入。

明治二五年　四月　有坂、欧州へ出張す。
七月　七珊野山砲用の複働信管の着発機に螺線発条を増設。
一一月　二十八珊米榴弾砲の制式を定む。

明治二六年　四月　有坂、砲兵中佐に昇進。
八月　有坂、出張していた欧州から帰朝。

明治二七年　　この年、大村銅像を東京工廠で鋳造。

八月　三日、有坂は野戦首砲廠長に。

この年、口径8ミリの村田連発騎銃が制定。初速593m／秒、32度の仰角で3100mまで到達し、立姿歩兵の高さ1・65mとすると400mまですべて危険界となる（明治二九の実測）。

日清戦争で報道需要が激増した結果、活字鋳造機が普及し、東京には活字鋳造者の組合も。

この年、仏軍の最新120ミリ砲の秘密を外国へ漏洩した嫌疑がユダヤ系士官のドレフェスにかけられる。


明治二八年　五月　一七日、有坂は砲兵大佐に昇進。

同日、砲兵会議審査官。

この年、有坂は家督を相続。

日本は日清戦争で50万発の砲弾を補給した（日露戦争では105万発）。

明治二九年　二月　岩国市で慶應二年の「岩国山伊勢ヵ岡事故」の30年忌あり、招魂祭に来臨した有坂、金一封を供う。
六月　六日、有坂は東京砲兵工廠提理に。

一〇月　中村雄次郎大佐が砲兵会議議長に。

日清国戦争後、七珊野砲の発射薬も無煙火薬に改めようとしたが、特別な門管をつくらなければ発火せず、また、砲腔も傷むことが分かって、あきらめられる。

この年、日本に三色版カラー印刷技術が導入される。

明治三〇年　　この年、三十一年式野砲は6頭輓馬と決まる。（6頭で砲車だけでなく弾薬車も連結牽引する。）
日清戦争直後からドイツ製をもとに始めていた、野砲の間接照準に必要な方向鈑と弧形照準機のコピーが完成し、この年に制式化。
一一月　日清戦争の賠償金を使って、舞鶴にコンクリートアーチ多用の近代的海岸要塞を起工。アーチの厚さはちょうど1mであった。
一二月　陸軍省は、歩兵操典の字句の小修正を行なう。（叩き台となった明治二四年版操典は、ドイツが新式連発銃の採用に合わせて大改正した一八八八年版操典の翻案。）

明治三一年　四月　二六日、有坂はふたたび砲兵会議審査官に。

六月　函館でも近代式要塞を起工（竣工は明治三五年一〇月）。コンクリートアーチの天井の厚さは、覆土をのぞいてちょうど1m。二十八珊榴弾砲を並べた。

この年、仏で口径を現行8ミリより小さくせずとも初速と射程が向上し弾道が低伸する尖頭ボートテイル形のD弾を小銃用として制式採用。最初は純銅だったがすぐに青銅に改める。それでも銃身摩耗は激しかった。

この年、ドイツは英国製ダムダム弾で死体を撃ってみて、その結果をもって英を非難。また独でこの年の夏までにベルリンのハーバートという医師が口径5ミリ、初速900m／秒の超高速鋼皮弾を死体に試し、頭蓋骨がバラバラになる威力を確認。生きた動物の体内では「爆発様の作用」があったとも。

この頃、海軍の口径11ミリのマルティニー・ヘンリー銃を村田連発銃と交換？

明治三二年　五月　ドイツの陸相、現小銃口径8ミリより小さくする必要はない、騎兵の襲撃は8ミリでなくては止められない、ただし連発機構は最新のモーゼル式に改める必要がある、と語る。

五月～七月のハーグ平和会議に随員として出席した上原勇作工兵大佐、三十一年式野山砲のノックダウン用部品製造を監督するため欧州に出張していた有坂大佐から、「自動小銃選定禁止案」など新型火器類開発制限案への日本としての対応に関して助言を受ける。植民地反乱の鎮定で疲れ気味のイギリスは、ダムダム弾の規制については強く反対したが、同弾丸の禁止が本会議の目玉決議となった。

一〇月　ボーア戦争（～一九〇二）。8ミリ未満の小口径弾の低伸性はますます明らかになる。

一二月　陸軍省は「三十年式歩兵銃及騎兵銃保存法」「三十年式騎銃使用法草按」「二十六年式拳銃使用法」等を達する。

この年、陸軍は「無煙小銃薬製造法」を制定。

明治三三年　三月　郵便法改正され、以後、カラー印刷の私製絵はがき流通。（モノクロ写真と相まって、それまでイラスト報道の役割を果たしていた錦絵を駆逐。）

四月　板橋火薬製造所で、五号帯状薬を試製。これが三十一年式野山砲の発射薬となる。成分は、すでに完成している無煙小銃薬（三十年式小銃実包用）と同じ。裁断の形を変えた。

二五日、有坂は少将に。同日、砲兵会議議長。

一〇月　三十一年式速射山砲用の代用弾を製作。

明治三四年　一〇月　三〇日、秋元盛之中佐は砲兵会議審査官となり、翌日大佐に昇進。

一二月　死傷率の高い在南アフリカの英軍将校の間で、廃刀と小銃装備の動き。英将校は双眼鏡を持っていないために不覚を取る例も多く、日清戦争で日本の将校の多くが双眼鏡を持っていたことが再評価された。

明治三五年　五月　八日、寺内正毅日記「シヤム政府ヨリ小銃二万梃ノ製造ヲ引受ケ承諾ノ旨南部〔茂時中佐・小銃製造所長〕へ返電ノ上其旨ヲ外務大臣ニ談シ置ク」

六月　栗山勝三は大佐昇進と同時に砲兵会議審査官に。

七月　渋谷在民騎兵第一旅団長談。世界で馬、牛、犬の扱いが最も酷いのは日本人で、シナ人の方が数等マシ。これでは軍馬の性が悍悪となるのは当然である、と。

一〇月　榴霰弾の鉛弾子鋳造のため、大工廠で初めて女工を採用す。

明治三六年　二月　常備師団すべてに三十年式小銃と三十一年式野砲の支給完了。

四月　有坂、欧州から帰国？

五月　一日、有坂は技術審査部長に。また栗山勝三砲兵大佐は技術審査部審査官に。

八月　野戦重砲部隊に観測車などが制定されていなかったので、富士裾野で要塞砲兵射撃学校が学生演習を実施。立ち合った有坂は、砲兵課長、要塞砲兵学校長と相談して、七珊野砲用のものを改造してあてることにし、寺内陸相はこれを認可。

九月　袁世凱は輸入小銃を比較テストし、「三十年式銃」は好評であったと寺内正毅が知らされる。

一二月　二一日、それまで後備諸隊と兵站部隊は十八年式村田銃、留守師団である国民歩兵はスナイドル銃の装備であったが、これを新しくすべく、海軍保有の村田連発銃を三十年式と保管転換し、後備諸隊と兵站部隊へは村田連発、国民歩兵には十八年式村田銃を支給交換。

この年までの10年間に、日本陸軍の新兵の平均体重は2キロ減少。10人に8人以上は病気持ちであった。日露戦争では、砲兵と工兵だけは身長170センチ平均を揃えていたが、歩兵と騎兵はひどい短軀であった。

この年から、黄色薬を被包内に溶塡する方法により各種弾丸に使用開始。

この年、邦文のポイント活字（国内完全互換規格フォント）が登場する。（明治四一年までに新聞に普及し、大震災後は書籍もすっかり切り替わる。）

明治三七年

一月　技術審査部長の有坂は、12サンチと15サンチのクルップ砲の破甲榴弾の弾底信管の形状を修正した図面を砲兵工廠に令達。

二月　独で1898式ライフルの交付が始まる。（WWI主力銃。）

有坂の技術審査部で編纂した十二榴の『野戦重砲兵兵器提要』が進達される。

陸軍は、攻守城砲用の装薬にも無煙火薬を応用するよう、有坂技術審査部長に令達。

三月　二日、第一軍参謀長から大本営井口少将に、野戦重砲を配属してくれとの希望が出され、三月八日にそれを決定する。

一四日、寺内日記「南部〔茂時〕砲兵中佐来リ修正ノ三十三年式銃ヲ一覧セシム」

六月　二〇日、寺内は、砲兵課長の山口勝大佐から、ロシア軍の分捕砲の試験成績を報告された。「榴散弾体ノ破裂ハ難タルカ如シ」

八月　満州でロシア軍の遺棄したモーゼル自動拳銃用のダムダム弾を鹵獲したので国際宣伝に利用しようと

明治三八年

したが、調べてみたら日本軍将校も市中で自弁し携行している者がいることが判明、あわてて極秘にすべて廃棄させる。

一〇月　十二榴、十五榴、および10・5サンチ榴弾砲をクルップ社に注文。また同月、三八式野砲×400門をクルップ社に発注（日露戦争中には届かず）。

一一月　一五日、今沢義雄中佐発明の18サンチ木製迫撃砲（射程200m）を計65門、旅順で使用開始。

一二月　二三日、陸相寺内は、砲兵工廠と技術審査部を巡視し、新式信管の製作を見る。

一二月　一九日の寺内正毅日記。当月、西村提理と有坂審査部長に、戦時兵器製作と研究の尽力を嘉尚せられ、絵画と手箱を各一個恩賜あり。部品共通化のため、村田連発銃の油壺蓋螺の寸法を、三十年式小銃のものと一致させることに。砲兵工廠は大蔵省印刷局に無煙火薬原料の木綿繊維の截方を依頼。

二月　上旬、総司令部は、もともと非武装としていた補助輸卒の武装のため、分捕銃×7000梃を第三軍に分与。

二二日、高田慎蔵はロンドンから砲弾を発送したことを寺内に伝える。

三月　浜寺俘虜収容所の警備に任ずる留守第四師団国民歩兵第二大隊の村田単発銃は、帝国軍隊の威信にも関係を及ぼすをもって、同大隊に限り特に村田連発銃と交換支給することに決す。

函館要塞司令官という窓際職においやられていた秋元盛之大佐が戦時中なのに予備役に。

四月　参謀総長は「彼我野砲の効力を比較するも我に於て遺憾の点あり山砲に至りては殆ど敵の砲兵に対し威力を呈する能はず故に逐次山砲を野砲に改編せられたし」と。

運送船が浮遊水雷を独自に処分できるようにと、陸軍兵器本廠のピーボディマルティニー銃×150梃を宇品に送る。

五月　補助輸卒の内地訓練用にスナイドル銃を兵器本廠より支給。

二二日の時点で第三軍は、大行

李、輜重、補助輪卒に対し、3人に2梃の割で分捕銃（露軍小銃）を配給。

ドイツの動向を受けて、三八式歩兵銃用の「尖弾」の研究が本格的に始まる。

十三／十八年式村田銃の油壺は亜鉛製だったが、自今製作の分は黄銅製とす。

九月　陸軍がこの年に契約していた英国のアームストロング、ノーベル、ビッカースの三社が、神奈川県平塚に紐状火薬の工場をつくる。

一一月　ドイツでフランスのD弾に対抗してS弾を1898式ライフル用に制式採用。

三十年式騎兵銃に三十年式銃剣を装着する必要があると認められ、有坂は同騎銃の上帯（銃身に前方銃床を固定する金輪のうち一番前にあるもの）を改正する案を建議していたが、それが工廠その他に通牒され、翌年生産分から製作開始と決まる。

明治三九年　七月　六日、有坂は中将に昇進。

明治四〇年　三月　下志津で尖弾（後の三八式小銃実包）の試験開始。

四月　三種の試作尖弾のうち速射性能が最優秀の「第二号尖弾」を、生馬10頭、生豚10匹、生犬19匹に撃ち込み、三十年式実包よりも生体内での爆発様作用が強いことを確認。馬は従容として死に、豚は狂騒した、と。

五日、寺内は参内し、三八式野砲採用の件を奏上。

一一日、陸軍省にて、クルップ社に400門分の三八式野砲の部品を発注することを合議決定。

七月　下志津で死体3体に「第二号尖弾」を撃ち込む。

九月　「第二号尖弾」を「三八式実包」として制定。弾尾の被甲が薄く、ガス圧で拡散してライフリングに食い込むので、弾頭中径がD弾やS弾のように張り出していない。それにより銃身が摩耗しないばかりか、摩耗した銃身でも確実に発射できるので更に銃の寿命が延びた。

二一日、有坂は男爵に。

この年、栗山勝三砲兵少将は予備

明治四一年　一月　役に。
乃木が寺内を訪ね、二十八珊榴弾砲の恩人であるグリローに叙勲してはどうかと言う。
この年、四一式騎兵砲制定。
この年後半、98kカービンがドイツ騎兵部隊でテストを始められた。旧88騎銃(一九〇二年採用)より15センチ長く、500グラム重い。着脱銃剣。長くなったので鞍にはつけられず、背負うことに。徒歩射撃戦を重視したもの。88騎銃の射程は1200mだったが、S弾のおかげで2000mまで延伸。

明治四二年　一二月　ドイツから尖弾製造機械を輸入。日本では、微妙なアールをもつ尖った弾頭を大量生産する機械ができなかった。
陸相、剣付騎銃の研究を陸軍技術審査部に命ず。
一二月までにドイツの新騎銃の配備が終わる。

明治四三年　一一月　フランス軍が騎兵に銃剣を装備させる。

明治四四年　五月　ロシアのコサックにも、はじめて銃剣が支給される。かくて全列強の騎兵が、徒歩戦用に銃剣を装備する趨勢に。

六月　陸軍将校乗馬にして去勢施行のため斃死し又は廃疾となりたるときは手当てを支給することに。
一五日、有坂は待命に。

明治四五年　九月　四四式騎銃を生産開始。また、三八式小銃弾を製造開始。

大正二年　一月　一五日、有坂成章は予備役編入。

大正三年　一月　三八式小銃と三十年式小銃の全国部隊における交換が始められる。
(大正四年二月に、支那駐屯軍のぞき交換支給完了。)

三月　陸軍は東京石川島造船所より2000トンの重量物運搬船『蜻洲丸』を購入し、要塞砲撤去の準備を整える。

一〇月　一三日に東京の歩兵第三連隊は三十年式銃を三十八年式銃と交換。
京都歩兵第九連隊も同月中に交換す。

大正四年　海軍工廠が14インチ砲を造るために、初めて限界ゲージ工法を導入。

大正五年　この秋の北九州での特別大演習の

写真帖に、四四式騎銃が写っている。

大正七年　一一月　第一次大戦終わる。日本陸軍の模範であったドイツは本役で1万7300門の大砲を投入、5億4千万発の砲弾を発射した。

大正九年　陸軍は「自動短銃」（マシーネンピストル）を自動小銃の予備研究として研究開始。（ベルクマンを参考にした。その後呼称が「機関短銃」に変わった。）

昭和元年　七月　陸軍は塹壕兵器として、棍棒、手斧、短刀、鉛棒を研究。（昭和五・三以前に終了。）

この年、東京工廠で、甲号7・7粍歩兵銃（のちの九九式）の研究開始。まず三八式検圧銃×2梃を改造し、実包の経始を決定せんとす。火薬の試製も同時進行。

昭和三年　陸軍はモーゼル拳銃実包×9000発を調達。

昭和四年　五月　陸軍、富津で「試製自動短銃」と「試製狙撃銃」を試験。（審査は昭和五年三月より前に中止。）

昭和五年　二月　技本編『最近に於ける新兵器の威力』は「国軍の試製自動短銃は列国軍に比し遜色のない性能のものである」と自画自賛。

昭和六年　日本軍が機関短銃に出会う。シナ兵が「自動短銃」を満州上海方面で使用していると陸軍が報告。とうぜん陸戦隊も体験。

昭和九年　この年から翌年にかけ、ペルーとコロンビアの領土戦争。ペルーは各国から、飛行機以下の各種兵器を輸入。

昭和一二年　オーストリアのスタイヤー社が、日本海軍に機関短銃を輸出。

昭和一三年　一月　支那事変に出動中の野重第五旅団の司令部は三八式十二榴について次のような苦情を報告。「一、1000発撃つと約半数は壊れてしまう。実戦に使わず教育用とすべし。二、発条弾発性が弱くなるにつれ復坐量が甚だ増し、精度と発射速度に悪影響。三、十二榴の榴霰弾は全然不可なり。」

八月　三菱商事、チェコのブルノ社製の機関銃、騎兵銃［半自動銃のZH37か?］を、陸軍の注文により買約。

昭和一五年　四月　機関短銃乙を実用試験中であり、

一二月に完成予定、と第一部第四科が報告。

六月　生産効率向上のため、三八式小銃用の三十年式銃剣を夜襲用に黒色着色するのを止め、また、短剣格闘用の龍尾（曲がり鍔）も廃止と決まる。

**昭和一六年**

陸軍兵器学校は『外国製銃器取扱の参考』をまとめ、シナには「ベルグマン自動短銃」の「1918年式」「1919年式」「1932年式」「1934年式」が見られ、太沽、奉天、山西兵工廠、造船所や「北洋工業」で製作もしている。1932式以降のものは単発射が可能で、射撃中の槓桿はボルトといっしょに動かず、消焔器と着剣装置がついている。装弾数は50発（?）、マガジンには10発ごとにスリットがあり、残弾が分かる、と。

この年、三八式歩兵銃×15万5370梃、九九式長小銃×3万971梃、同短小銃×21万6083梃、三八式騎兵銃×7万7935梃、四四式騎銃×1456梃、九七式曲射歩兵砲×1025門、47ミリ対戦車砲×11門、同戦車砲×70門、九九式手榴弾甲×283万9676個、一〇〇式火焔発射機×866、九八式投擲機×1296、一〇〇式投擲機×270などを竣工。また、一〇〇式機関短銃の量産を開始。

**昭和一九年**

四月から一一月の間に、名古屋造兵廠では、一〇〇式機関短銃を5760梃生産。

**昭和二〇年**

四月に報告された「一〇〇式機関短銃」の諸元は次のとおり。弾倉30発、重さ3・7キロ、着剣時4・27キロ、銃腔クローム鍍金、初速340m／秒、発射速度700発／分、銃床1・1キログラム、弾倉240g（中味入りは570g）、照門下部にあわせると50m狙いになり、上部谷型にあわせると100m狙いの固定二段サイト。命中は100mまで、制圧は300mまで可能。

八月　一〇〇式機関短銃は鳥居松で673梃完成し、半途が1700梃くらいあった。また名造ではこの年、同機関短銃×１０５０梃作った、とも。

日本は、昭和一二年から敗戦まで、砲弾７４００万発を補給した。（アメリカ合衆国は一九四一年から四五年まで、砲弾４００億発を補給。）

# 文庫版のあとがき

どんな名案にも功と罪とが相伴なう。真の提案者ならそれを痛感しているから、つまらぬ自慢は語らない。

もし読者が、二十八珊砲を旅順に送れと提案したのはオレだよ、等とポーツマス講和後に自慢してある資料を見かけたら、それは日露戦争の大捷に並行して官僚化・小者化が進んだ日本軍人の徳操の表出であると解して間違いではない——とわたしは断じたい。有坂は、その類の自慢を一言でも記録にとどめなかったのである。

二〇〇四年の『文藝春秋』六月号に「有坂成章：『世界最優秀小銃』の威力」という短い記事を載せたところ、有坂の直系の後裔とおっしゃる方からご連絡をいただき、まだ函館に引っ越す前であったわたしは、さっそく横浜にて面拝の栄を得た。

長岡外史が、有坂が二十八珊榴弾砲を旅順に持って行く案について陸軍省内で力説するシーンを、「有坂君が例の甲高い声で」……云々、と回想していた形容詞が、年若なご子孫の方にもあてはまるようにわたしには思われて、嬉しかった。

お話をうかがい承知したのは、今日の有坂家には、造兵史の研究者の発掘が待たれているような秘蔵資料の類は、とうに残存していないのだという事実である。研究者としてはそれは遺憾な情報なのだが、公開資料だけを頼りに伝記を書いた者としては、何か安堵した瞬間でもあった。

本書、『有坂銃――日露戦争の本当の勝因』の初版は、(株)四谷ラウンドさんから刊行された。著者がその見本を頂戴したのが一九九八年三月六日。取次店搬入は三月一一日だったようなので、それから数日以内には全国の書店に出回ったことと思われる。

その後、旅順攻囲戦中に日本軍が観測気球を役立てられなかった理由については、昭和一六年刊の野口昂氏著『征空物語』を読んで、わたしはほぼ納得することができた。

同書によると、陸軍の気球隊は、明治三七年八月一七日の旅順第1回総攻撃に間に合わせて、毛道溝というところで〔水素〕ガスをつくり、待機。いきなり〔ロシア重砲の榴霰弾で〕撃ち落とされるといけないので、別に持って行った76立方mの信号気球をまず上げて、そちらに敵の砲火を引きつけてから、本物を800m昇騰せしめ、松岡大尉が偵察に成功した。さらに夜間に周家屯へ移動し、海軍の岩村大佐と伊集院少佐（ともに参謀）と市岡カメラマンを乗せて再び偵察〔3人乗りだとかなり高度は下がってしまったであろう〕。八月末から九月にかけ、のべ十数回も昇騰したという。そして、じつは海軍も細木大尉の指揮する軽気球を用意していたのだが、気球に傷みがあって使えなかった、という。

つまり、夜間に実施しなければたちまち砲撃で撃墜されてしまうほどの、条件の厳しさだったのだ。海際であるから、風の強い時も多かったのではなかろうか。（ちなみに昭和四五年刊の福岡徹氏著『軍神』にも、明治三七年の六〜七月頃、旅順でたびたび気球をあげたと書いてある。）

当時の日本軍の気球には、〔1000m以上の〕十分な高度まで上がれなくて、敵情がよく見えぬという根本の不利のあったことは、小磯国昭が巣鴨の獄中で書いた『葛山鴻爪』中でも略説されている。

これらより案ずるに、昭和四八年の上法快男氏編の『現代の防衛と政略』の299頁に、〈もしわが軍に、当時のロシア軍がもっていた繋留気球があったならば、二〇三高地を苦労して取らなくともよかった〉と書かれているのは、間違いであろう。英海軍ですら、第一次大戦前には、空中観測による間接照準射撃は実施したことはないようである。

なお、拙著の「終章にかえて」には、今日では著者としてそうは思っていない推定が含まれている。が、初版を書いたときの著者の「段階」を記念するものとして、ほとんどを残した。

現在まで、有坂成章の伝記はこれ一冊の他にないので、このたびＮＦ文庫に加えていただき、改訂の責任を果たす機会を与えられたのは、著者として本当に有り難い。光人社／潮書房の牛嶋義勝氏と、ご担当の小野塚康弘氏、およびコーディネーターの杉山穎男氏（武道通信 http:www.budotusin.net）には、篤く御礼を申し上げます。

二〇〇九年九月吉日

兵頭二十八

単行本　平成十年三月　四谷ラウンド刊
平成二十一年十一月　光人社ＮＦ文庫刊

NF文庫


有坂銃 新装版

二〇二四年一月二十二日 第一刷発行

著 者 兵頭二十八

発行者 赤堀正卓

発行所 株式会社 潮書房光人新社

〒100-8077 東京都千代田区大手町一-七-二

電話／〇三-六二八一-九八九一(代)

印刷・製本 中央精版印刷株式会社





ISBN978-4-7698-3344-4 C0195

http://www.kojinsha.co.jp

NF文庫

## 刊行のことば

第二次世界大戦の戦火が熄《や》んで五〇年——その間、小社は夥しい数の戦争の記録を渉猟し、発掘し、常に公正なる立場を貫いて書誌とし、大方の絶讃を博して今日に及ぶが、その源は、散華された世代への熱き思い入れであり、同時に、その記録を誌して平和の礎とし、後世に伝えんとするにある。

小社の出版物は、戦記、伝記、文学、エッセイ、写真集、その他、すでに一、〇〇〇点を越え、加えて戦後五〇年になんなんとするを契機として、「光人社NF（ノンフィクション）文庫」を創刊して、読者諸賢の熱烈要望におこたえする次第である。人生のバイブルとして、心弱きときの活性の糧《かて》として、散華の世代からの感動の肉声に、あなたもぜひ、耳を傾けて下さい。